Landscape Ecological Planning

景观生态规划

高山峡谷区景观生态规划研究

李晖 著

中国林业出版社
CFPH China Forestry Publishing House

图书在版编目(CIP)数据

景观生态规划／李晖著. —北京：中国林业出版社，2019. 8
ISBN 978-7-5219-0244-0

Ⅰ. ①景… Ⅱ. ①李… Ⅲ. ①景观生态环境－生态规划 Ⅳ. ①X32

中国版本图书馆 CIP 数据核字(2019)第 186576 号

责任编辑：张 佳

出版发行 中国林业出版社(100009 北京市西城区德内大街刘海胡同 7 号)
电话：(010)83143500
经　　销 新华书店
印　　刷 固安县京平诚乾印刷有限公司
版　　次 2020 年 4 月第 1 版
印　　次 2020 年 4 月第 1 次印刷
开　　本 787mm×860mm 1/16
印　　张 13. 25
字　　数 300 千字
定　　价 56. 00 元

前言

景观生态学作为研究景观空间结构与形态特征对生物活动与人类活动影响的科学，着重研究景观要素间的物质流、物种交流、能量流，景观要素的空间格局与生态过程的关系以及景观格局与生态过程的动态变化。景观生态规划(Landscape Ecological Planning)是指运用景观生态学原理，以区域景观生态系统整体优化为基本目标，在景观生态分析、综合和评价的基础上，建立区域景观生态系统优化利用的空间结构和模式[1]。

城乡泛指人类居住地及受人类干扰的地区，是一个由自然亚系统、社会亚系统与经济亚系统构成的社会—经济—自然复合生态系统。其中，区域自然生态系统是整个区域复合生态系统的基础，由地理条件、气候条件、生物等自然环境以及交通网络、农村、城镇等人工环境所组成；区域社会亚系统以人为中心，包括区域内人口数量、质量及结构特征与区域行政组织结构，其功能在于创造区域居民居住、交通、文化娱乐、医疗、教育等生活环境条件；而区域经济系统以资源利用与加工生产、流通为中心，包括工业、农业、建筑、交通、金融、信息等子系统。城乡同时也是一个由乡村和城镇构成的功能系统，乡村主要依靠自然过程进行生产，城镇则通常为区域社会、经济及信息的中心，通过产品、信息的交换将区域连成一个整体。

城乡景观的要素可以划分为水体等受干扰的自然生态系统，农田、林地、草地等半自然、半人工的生态系统以及城市、居民点、交通路线等人工化的生态系统。区域景观的不同要素以及同一个要素的空间分布不同，在区域中的生态功能与社会经济功能也不同[2]。

城镇通常是区域的镶嵌体，也是区域社会经济的中心，通过发达的交通网络等廊道与农村及其他城镇进行物质与能量的交换，是人类大规模、有计划改变自然生态环境的过程，其影响超过了一般的如农耕、放牧等人类的土地利用方式，在一定程度上更强烈地影响着区域景观；而城镇中残存的自然生态系统斑块对维护区域生态系统条件，保存物种及生物多样性具有重要的价值。

2008 年 1 月颁布实施的《中华人民共和国城乡规划法》将城乡规划定义为是由城镇体系规划、城市规划、镇规划、乡规划和村庄规划组成的一个规划体系，是一个多层次的体系，体现了“由原则到具体”的原则。而自然资源部自 2018 年 3 月设置以来，即针对我国各类空间规划存在交叉重叠，布局不够合理，各部门条块划分，生态保护效率不高等问题，提出划定生态红线、城市增长边界和基本农田保护界线，从而构建保障国家与区域生态安全和经济社会协调发展的空间格局。

对于整个城乡区域来说，无论是自然生态系统斑块，还是人工化的景观要素及其动态均反映在区域景观格局上，而城乡景观生态规划的最终表达方式及其实施结果也是区域、城区景观格局的改变，在这个意义上，城乡景观生态规划就是运用生态学原理，对城乡景观格局进行调控，可以避免过去城市规划就城市论城市，主要偏重于城区范围内空间及功能划分的片面性，以景观生态学为基础，掌握城乡规划设计的科学方法，协调人与自然的关系，以达到可持续发展的最终目标，对于优化城乡景观格局和保护城乡环境具有很强的现实意义，为国土空间规划及其政策制定、管理及实施提供科学理论和技术方法。

高山峡谷区域具有特殊的地质、地貌结构和气候、植被状况，生态系统具有脆弱性、不可再生性、生态承载力低、敏感性高等特征，在城市化进程中的生态保护、培育等问题突出。

怒江流域中段是典型的高山峡谷区，生态环境复杂多变，生态系统的稳定性和自我调节能力较低，人居环境发展建设活动对自然生态环境的影响巨大。地域聚居格局表现为城镇密度较低，多沿怒江及其支流分布，适合城市建设发展的用地相对于平原或丘陵地区较少。随着城市化进程的不断发展和人口的持续增加，人类对自然环境的干扰力度不断增大，景观斑块日趋破碎化，景观格局发生了较大变化。其资源环境相对其他区域来说更具有脆弱性、不可再生性和资源承载力或环境容量有限等特点，极易被损坏，是怒江流域中最为突出的生态脆弱区和经济贫困区。随着怒江流域的开发，一系列来自环境、旅游、发展、自然灾害等方面的诸多压力可能造成严重后果，需要进行科学系统的研究。

怒江流域中段是自然灾害多发区，降雨引起的水土流失非常严重，现有城市建成区大部分位于泥石流危险区中，其中34.32%位于高危险区；36.45%位于中危险区。侵蚀状况的分布和严重程度与怒江流域的气候、地貌和地质结构、植被状况、人口密度等有着密切关系。现有侵蚀分布主要集中在怒江河谷地带，也是人口集中、密度比较大的区域，因此生态恶化区也主要在这一层次，为潜在侵蚀最危险的地区，需要在保护与发展之间找到一个契合点。在规划决策之前，加以科学合理的认识；在设计建设之中，予以可持续性的保护与开发，开展城乡景观生态规划的研究是十分必要的，这也正是本书立论之所在。

模式指前人积累的经验的抽象和升华，就是从不断重复出现的事件中发现和抽象出的规律，比如解决问题的经验的总结。只要是一再重复出现的事物，就可能存在某种模式。也可以理解为解决某一类问题的方法论，把解决某类问题的方法总结归纳到理论高度，就可以称之为是模式。规划模式也就是对规划设计方法的总结，以发现规划设计中存在的规律，并提升到理论的高度。以往的规划模式也比较多，如盖迪斯所提出来的“调查—分析—规划”模式，麦克哈格的“千层饼”模式等，都对规划设计起到了理论和方法上的指导作用。

本书在以往规划方法和规划模式的基础上，根据高山峡谷区的特点，试图通过跨学科的研究寻求一个具有坚实理论基础而又有效的城乡景观生态规划模式，以达到城乡区域可持续发展的目的。研究区的地质、地貌、气候、生物等自然生态环境及人文、社会组成的生态系统在三江流域地区十分典型，加强城乡景观生态规划的研究和实践，有助于在区域和城区二个层面均建立景观优化利用的空间结构和功能，课题的研究方法及成果对世界自然遗产“三江并流”地区有推广应用价值，并对高山、峡谷等类似地区的景观生态规划具有指导意义。不仅可以检验景观生态学中的理论和假说，同时也加深、拓广了城乡规划学的理论基础，为城乡规划更好地体现社会、经济和生态效益的统一，更好地体现人与自然和谐相处提供一系列的工具和方法。

本书的研究目标即：以景观生态学原理为指导，以区域生态系统的社会、经济和生态效益整体优化为目标，将景观生态格局分析和空间模型方法与3S技术相结合；以怒江流域中段的典型地段(福贡县)为实例，在区域层面上通过对研究区景观生态格局进行动态模拟预测，构建景观优化利用的空间结构和功能；通过调节城乡土地使用，改善城乡的物质空间结构，进而在城区层面上改变城市各组成要素在城市发展过程中的相互关系，以达到指导城乡协调发展的目的；在保护和恢复景观安全格局的前提下促进本地区可持续发展。在此基础上提出高山峡谷区城乡景观生态规划模式，为类似的高山峡谷区可持续发展提供科学可行的途径。

本书研究主要采用景观生态学和城乡规划学相结合的方法，综合地理学、系统工程、3S 技术、动态模拟、定量分析和评价、资料收集与文献综合分析、对比和实证研究等方法共同构成了本研究工作的方法体系。其研究框架如下图所示。

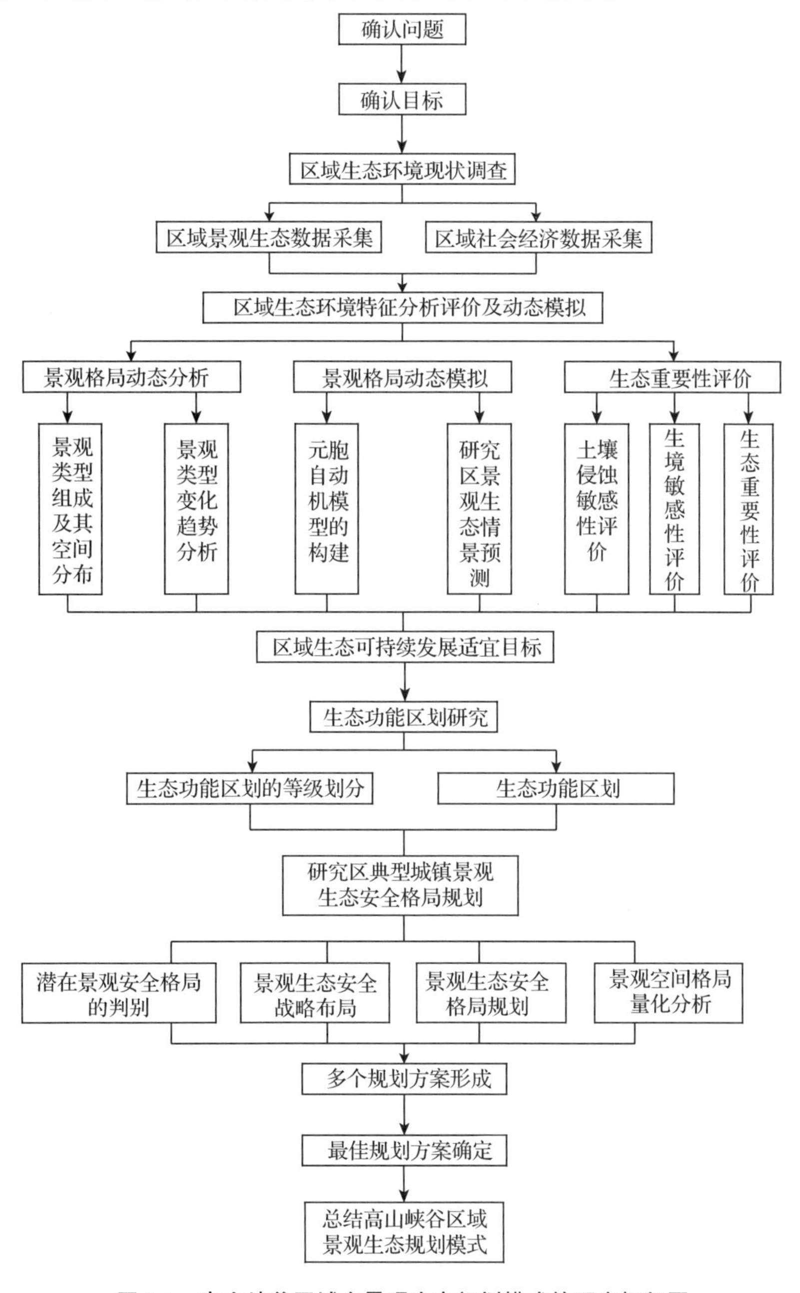

图 0-1 高山峡谷区城乡景观生态规划模式的研究框架图

资料来源：作者自制(除标明之外，以下图纸、表格均为作者自制，不再一一注明)

目　录

Chapter One 高山峡谷区景观生态规划研究概况

1.1 景观生态规划的发展

1.1.1 景观生态规划的发展历程

(1)景观生态规划概念

景观生态学是研究景观的空间结构与形态特征对生物活动与人类活动影响的科学[1]。它研究不同尺度上景观的空间变化，以及景观异质性的发生机制(生物、地理和社会的原因)，是连接自然科学和有关人文科学的一门交叉学科。景观由不同空间单元镶嵌组成，具有异质性；是具有明显形态特征与功能联系的地理实体，具有相关性与地域性；介于生态系统之上区域之下的中间尺度，具有尺度性；兼具生物生产力和土地资源开发等经济价值，生物多样性与环境功能等生态价值和内涵丰富的美学价值，对其生态系统服务价值的判别是景观生态规划与管理成功与否的基本手段[3-4]。

景观生态学通过景观规划、景观管理与景观生态建设来进行空间重组与生态过程的调控，营建宜人景观，是实现区域可持续发展的有力手段。例如，景观生态学为土地利用规划从新的视角提供了一个理论基础，而且提供一系列方法、工具和资料。景观生态学中的格局分析和空间模型方法与遥感技术结合，可以提高土地利用规划的科学性和可行性，而作为与资源的有效规划与管理密切相关的生态旅游规划，也可以从景观生态学研究中获得有益的理论指导。

景观生态规划是以景观生态学原理为指导，以谋求区域生态系统的整体优化功能为目标，以各种模拟、规划方法为手段，在景观分析、综合、评价的基础上，建立区域景观优化利用的空间结构，并提出相应的方案、对策及建议的生态地域规划方法[1,3-4]。景观生态规划的主要特点体现在规划思想上的多角度、多层次的综合性、宏观性及开放性，因为景观生态规划的原理是在对各种设计思想兼收并蓄基础上形成的，以地理学水平结构的横向格局研究方法与生态学垂直结构的纵向过程研究方法相结合作为原理的核心，吸收风景园林及建筑美学思想，综合考虑了社会学、经济学、环境学、文化人类学等各种因素。

(2)景观生态规划发展历史

一般可从两个层面来追寻景观生态规划发展的历史：一个层面是基于生态学原理的生态规划的发展；另一个层面是景观生态规划技术的发展。

就基于生态学原理的生态规划的发展层面而言，可以将景观生态规划模式的发展划分为前 McHarg 时代、McHarg 时代和后 McHarg 时代。麦克哈格(McHarg)是美国景观设计之父奥姆斯特德(Olmsted)之后最著名的规划设计师。他在 1969 年出版的 *Design With Nature* 一书，使得规划设计师成为当时正在兴起的环境运动的主导力量，他的贡献是开创性的，其理念的影响一直延续至今。

前 MgHarg 时代可以追溯到 19 世纪下半叶，包括苏格兰植物学家和规划师帕特里克 · 格迪斯(Patrick Geddes, 1854—1932)的“先调查后规划”和美国景观设计之父 Olmsted 及 Eliot 等在城市与区域绿地系统和自然保护系统的规划。其主要特点是基于景观作为自然和生命系统的认识，被称为“自然系统思想与景观规划，没有生态学的生态规划”。

McHarg 时代被称为“基于生态学原理的景观规划”。McHarg 及其追随者理论探索和大量实践的重大成就使得景观规划成为具有现代科学意义的一门学科。其中的因素叠置法被称为 McHarg 方法的核心，如在生态适宜性的分析评价中主要分为三个步骤：首先，确定规划的目标与规划范围；其次，进行生态调查与区域数据的分析；最后，进行适宜性分析[5]。但也带来若干问题和局限，如被质疑为理念上的唯环境论，方法上的唯技术论。同时，景观生态规划在 20 世纪 70 年代产生以后，主要侧重于景观垂直方向的生态调查和关系研究，而景观要素在水平方向上的空间关系则考虑很少。

后 MgHarg 时代被称为“基于现代生态学原理的景观规划”。

进入 20 世纪 80 年代后，生态规划在方法论和技术上都有迅猛的发展，使生态规划进入成熟期。是继 McHarg 之后，又一次使城乡规划方法论在生态规划方向上发生了质的飞跃。在以下三个方面最为突出：思维方式和方法论的发展；景观生态学与规划的结合；地理信息系统应用于景观生态规划。

景观生态规划方法论的发展：在决策导向和多解规划方面进展很大，主要有奥多姆(E. P. Odum)于 1969 年提出分室模型，日本京都大学农学部教授岸根卓郎先生于 1985 年提出的以“自然—空间—人类系统”为核心的城乡融合系统设计模型，哈珀(W. G. Haber)于 1988 年提出析分土地利用系统(Differentiated Land-use System)模型，R. T. T. Forman 于 1995 年提出集中与分散相结合规划模型[6]。除以上几个景观生态规划模型外，还有捷克的 LANDEP 模型、美国的大城市景观规划模型(METLAND)、澳大利亚的南海岸研究模型等，其中 LANDEP、METLAND 的影响力亦很大[6]。随着学科的发展，近年来陆续出现了马尔科夫模型(Markov)模型、Clue-S (Conversion of Land Use and its Effects)模型、元胞自动机(Cellular Automata，CA)模型、Dinamica EGO 模型和 CPSR 规划模型等(表 1-1)。

表 1-1　景观生态规划主要模型一览表

模型名称	主要概念	特点	主要代表人物
分室模型	将土地利用划分为农业生产土地利用、自然生产土地利用、保护性土地利用；调和性土地利用；城镇—工业性土地利用等五室	用作分室分类标准的一系列参数：群落能量学、群落结构、生活史、N 循环、选择压力、综合平衡。但由于其中的很多参数是很难量测的，在区域景观尺度的范畴内，该方法在运用上有一定局限性	E. P. Odum[7]
城乡融合系统设计模型	三个方面：国土资源经济价值与公益价值协调一致的扩大再生产，国土资源利用管理合理化，最适定居的社会建设(自然—空间—人类系统设计)，其中，最适定居的社会建设是核心	针对日本国土上人口在城市过密而在农村过疏的现象，提出了以“自然—空间—人类系统”为核心的模型，主要目标是从城乡融合出发来建立一个“物心俱佳”的新的定居社会	岸根卓郎[8]
土地利用系统(differentiated land-use system)模型	模型建立的基本假设是：每一种土地利用类型不可避免地引起环境影响和其他的半对半的机会，其减缓具有固有的局限。土地利用的时间和空间分割会在同一时候分割环境的影响，从而可以减缓影响	该系统主要包括土地利用规划中三条基本准则。该模型通过空间异质性的维持，促进了生物多样性	W. G. Haber[9]

（续）

模型名称	主要概念	特点	主要代表人物
集中与分散相结合规划模型	首先通过集中的土地利用，确保大型自然植被斑块的完整性；而在人类活动占主导地位的地段，让自然斑块以廊道或小斑块形式分散布局于整个地段；对于人类居住地，则把其按距离建筑区的远近分散安排于自然植被斑块和农田斑块的边缘，愈分散愈好；而在大型自然植被斑块和建筑群斑块之间，可增加一些小的农业斑块	在具体操作过程中，需要考虑大的植被自然斑块、粒度大小、风险的扩散性、基因变异性、交错带、小的自然植被斑块、廊道等 7 个景观生态学特性	R. T. T. Forman[10]
LANDEP 模型	是一个基于系统的安排目的综合体，应用于景观—生态分析，综合，解释，评估国家的方法，导致在感兴趣的领域中识别景观—生态适宜，有限和不适当的活动。LANDEP 的最终目标是以景观中的社会活动提出的形式及其最优的本地化命题的生态最优功能景观结构	具有景观结构所表达的空间关系、物质、能量和机体互动所体现的功能性关系、景观的发展变化所体现的时间关系等三大特征，通过寻找最优的空间结构，可以避免人类活动的错位和可能对环境的破坏等问题	Milan Ružička[11] Renáta Rákayová[12]
大城市区域风景规划模型（METLAND）	模型分为三个阶段：评估、赋值和实施。第一阶段包括对景观资源内在价值的一系列分析：风景资源评估、风景危害评估、开发适宜性及生态稳定性的评估。使用参数法进行评估	对应风景园林规划原则，兼顾开发的阻碍、危害因素和适宜度	Berlyne D. F[13]
CA-Markov 模型	元胞自动机（Cellular Automata，CA）是一种时间、空间、状态都离散，空间相互作用和时间因果关系都为局部的网格动力学模型，具有模拟复杂系统时空演化过程的能力，马尔科夫模型（Markov）是一种随机模型，主要用于土地利用变化建模。马尔科夫模型描述区域土地利用从一个时期到另一个时期的变化，基于该变化预测土地利用未来趋势	综合了 CA 模型模拟复杂系统空间变化的能力和马尔科夫模型长期预测的优势，既提高了土地利用类型转化的预测精度，又可以有效地模拟土地利用格局的空间变化，具有较大的科学性和实用性	Jenerette G. D、sayemuzzaman & Jha[14] 王菲、柴旭荣[15]
Clue-S（Conversion of Land Use and its Effects）	模型是基于土地利用位置的适宜性和土地利用系统时空动态的竞争性和交互性的空间直观模型。该模型的基本原理是利用 Logistic 回归在现状图中提取不同用地类型的分布规则，再利用该规则推演未来一定数量结构约束下的土地利用布局状况。该模型从总体上可分为两部分：一是非空间土地需求模块；二是空间分配模块	针对中小尺度、模拟分析精度更高，该模型的应用扩展了土地利用空间优化及模拟研究的范围，最大特点是空间优化过程中考虑了社会经济和生物物理等驱动因子，并能将优化结果表现在空间上	Verburg PH，et al.[16] Huiran Han，et al.[17] Youjia Liang，et al.[18]
Dinamica EGO	模型是以贝叶斯原理估计转化概率，基于 CA 原理的土地利用时空动态模型，模型土地利用变化预测过程由转换矩阵获取、空间概率计算和模型校正 3 步组成	Dinamica EGO 变化数量预测与其他模型有较好的一致性，空间格局模拟更加接近真实土地利用变化	高志强，易维[19]
CPSR 规划模型	构建了自然条件—人类胁迫—生态环境状态—社会响应四层次规划研究方向，可以全面、清楚地了解规划对象的自然系统结构、功能与社会系统现状，从而使风景区存在问题尽可能在生态化、整体化、数量化的规划手段下得到解决。同时构建三步骤的规划方法，使规划有序推进，避免了规划的主观性与随意性，并以数量化评价手段来支撑生态规划	重点体现出评价服务于规划，规划服务于管理的目标，使生态研究与评价贯穿于规划中，以期实现规划的生态化。同时，CPSR 规划模型追求生态问题综合与核心性，力求分析的层次能全面客观地反映生态环境系统的本原与核心问题	覃盟琳、吴承照等[20]

景观生态学与规划的结合：作为对 McHarg 生态规划所依赖的垂直生态过程的补充和发展，景观生态规划更加关注自然过程和景观格局中的水平运动和流的关系。景观生态规划广泛运用于农村和农业、自然资源保护以及自然与人工廊道等的规划设计领域。其方法框架以 1995 年美国学者福曼(Forman)所提出的最具代表性。

就景观生态规划技术的发展层面看，从手工地图叠加和“千层饼”模式到地理信息系统(GIS)和空间分析技术，发生了革命性变化。空间分析技术与景观生态规划的结合，使得景观生态规划在方法和手段上获得另一个飞跃，它极大地改变了景观数据的获得、存储和利用方式，大大提高了规划过程的效率。

景观生态学的度量体系，如各种成分、结构指数等对景观生态规划更加科学化、定量化起着越来越大的作用。但目前建立在景观生态学定量分析基础上的景观生态规划还远未成熟，有待进一步研究发展。

(3)两种代表性景观生态规划方法

景观规划方法有两个方向：基于格局优化的规划方法和基于干扰分析的规划方法(表 1-2)。

表 1-2　景观生态规划方法一览表

景观生态规划方法	步骤	特点	实践方向
基于格局优化的规划方法	背景分析(景观的生态作用以及景观格局空间关系)——总体布局(具有高度不可替代性的景观总体布局模式)——关键地段识别(如具有较高物种多样性的生境类型或单元、生态网络中的关键节点和裂点、对人为干扰很敏感而对景观稳定性又影响较大的单元，对景观健康发展具有战略意义的地段等)——生态属性规划(明确景观生态优化的具体目标)——空间属性规划(斑块及其边缘属性、廊道及其网络属性)[10]	原则是景观生态学中格局与过程的关系原理，其中集中与分散原则占据很重要的位置，其所追求的高度不可替代性的景观总体布局模式满足最优化的生态规划需求，是目标导向型的方法[10]	为农业发展服务的农业布局调整、为保护生物多样性的自然保护区设计、为维持良好人居环境的城市规划、针对水土流失控制的黄土高原区域土地利用规划、干旱荒漠—绿洲—河渠廊道的景观格局规划、景观生态安全格局的判定[10]
基于干扰分析的规划方法	对干扰程度进行鉴别、分类(改变过程的、直接影响保护目标的、间接影响的、产生环境压力的事件等)——空间上定位所有的干扰(自然干扰与人工干扰)——分析干扰的影响(自然干扰如：细胞、物种、群落以及生态系统和景观等层次，人为干扰如污染、捕鱼、景观变迁、物种入侵、人为生物管理、人类探险和战争等)——干扰按层次划分(景观层次、生态系统层次、群落层次等)。——制定生态保护战略(建立大系统的平衡，选择新的产业发展模式促进环境与经济的协调发展)——区域发展规划(基于干扰分析的规划方法直接从干扰分析入手进行规划设计)[21]	自然干扰可以促进生态系统的演化更新，是生态系统演变过程中不可或缺的自然现象，某些人类干扰或人类干扰诱发的自然灾害是成为导致区域生态环境恶化的主要原因，对生态问题的过程和原因认识得更清楚，解决问题的手段也更直接；是问题导向型的规划方法[21]	基于干扰分析的规划、区域发展研究、干扰研究、制定生态保护战略、社会—经济—自然复合生态系统的理论与方法、干扰机理的研究[21]

(4)国外景观生态规划研究现状

近几年来国外更加注重景观生态规划、设计和管理的整体方案研究。主要的生态设计方法，包括自然的、生态科学的和景观生态学等三种方法，从尺度、组分、研究对象、工作框架、哲学基础、应用等方面用于景观研究[4]。拉沃伦茨(Lawrence A.)等将上述三个方法应用于城市河流绿色通道规划、设计和管理的一个生态学框架。框架包括：①自然和文化的评估，详细目录、廊道网络分量、尺度与等级考虑事项、评估步骤。②绿色通道结构的形成。明确了景观单元评估的意义，同时也指出了规划、设计和管理的意义：生态方法的本质特征是最大限度地将植物种类运用于环境中，并在管理中模拟自然条件。框架将生态学知识与规划设计过程、自然区域的设计和管理以及景观生态学有关的理论和方法联系起来并整合为整体方案。框架的主要价值在于提供了一个城市河流绿色通道生态规划、设计和管理的整体方案，整体方案可以指导和启示设计者，使景观既具有文化和适当的审美涵义，同时也能保持环境可持续[22]。

生境损失将会使地球生物多样性受到一系列威胁，与人类活动对土地演变的影响相互关联。生境破碎化的研究在景观生态学的概念、原理与景观设计规划实践之间建立了联系，因而在景观设计规划时应对生境破碎化进行研究。生态学已研究了生境破碎化尺度、形状、隔离度、范围以及生境品质即异质性对动植物种群持续力、群落结构和生态系统过程的影响。科林奇(Collinge)总结了生态学文献，着重研究生境破碎化影响的最新理解，其研究结果可以指导景观设计规划者做出决策[23]。岛屿生物地理理论和复合种群动力学是生境破碎化研究的理论基础，而且对经验研究提供了可试验的假设。把生境碎片的空间特征与它的生态影响结合起来看，可以改进对土地演化模式的预测。比如大的碎片很可能比小的碎片具有更多的异质性，它们包含更多的土壤类型变化、更多的地形变化和更大数目的生境类型。

达沃伦(Davorin G.)在研究中采用了“层—块方法”，并通过实例与建筑师、城市规划师、生物学家、生态学家等处理方法相比较，阐明了景观设计方法在处理类似景观问题时能获得不同的甚至更好的结果[24]。

驱动力的概念在景观变化研究中受到愈来愈多的重视。马蒂亚斯(Matthias B.)总结了这个领域技术方面的情况，并介绍了景观变化驱动力研究中概念上和方法上的新方向[25]。潜在的驱动力有社会经济、政治、技术、自然与文化5类。但在研究时通常限于只考虑起主要作用的某些驱动力，而景观生态学强调需进行系统综合，参与者、公共机构及驱动力被因果关系联系起来，并确定其对景观元素的影响，得出“景观总是大于它的元素之和”这样的结论。

概言之，国外景观生态规划的研究随着景观生态学理论基础的加深和广泛应用，也在向纵深发展。不仅理论基础深度加强，如景观变化驱动力研究、生境破碎化与景观生态规划的联系等；而且应用范围愈加广泛，愈加深入，包括整体方案的制订，规划时对私家花园资源的考虑等。而在研究方法上，地理信息系统(GIS)和遥感(RS)的应用已较普遍，各种动态模型均在试验和运用。

(5)国内景观生态规划研究现状

尽管景观生态规划的研究与实践在我国起步较晚，它与我国区域，尤其是城市、农村发展的生态环境问题以及可持续发展的主题相结合，无论是理论与方法的研究，还是规划实践均已形成自己的特色，有的方面已达到国际领先水平。

我国景观生态规划与设计方面的最早文献是景贵和1986年发表的《土地生态评价与土地生态设计》。基于其研究，1988年国家自然科学基金委第一次批准了由景贵和申请的《吉林西部沙地景观生态建设》课题。

在理论上，马世骏、王如松提出复合生态系统理论，认为以人的活动为主体的城市、农村实际上是一个由社会、经济与自然3个亚系统，以人类活动为纽带而形成的相互作用与制约的复合生态系统[26]。景观生态规划的实质就是运用生态学原理与生态经济学知识调控复合生态系统中各亚系统及其组分间的生态关系，协调资源开发及其他人类活动与自然环境、资源性能的关系，实现城市、农村及区域社会经济的持续发展。

俞孔坚提出景观安全格局方法，不但同时考虑到水平和垂直生态过程而且满足了规划对生态系统负反馈的要求[27]。王军、傅伯杰、陈利顶提出了景观生态规划的原理和方法[28]，贾宝全、杨洁泉对景观生态规划的概念、内容、原则与模型进行了研究[6]。

在方法论上，则运用了现代生态学理论与方法，并将地理信息系统技术应用于景观生态规划之中。如欧阳志云等根据可持续发展理论的要求，探讨了区域资源环境生态评价的理论与方法，即生态过程分析、景观格局、生态敏感性、生态风险以及土地质量及区位的生态学评价方法，并根据区域资源性能与自然环境特征及其与区域发展的关系，建立了生态位适宜度模型，借助于地理信息系统进行空间模拟，对定量分析区域资源与环境的生态适宜性进行了探索，为建立合理的区域资源开发与区域发展策略提供了生态学基础[29]。

在实践中，我国景观生态规划的发展一开始就将农村、城市及区域发展与生态环境问题相结合。贾宝全、兹龙骏等进行了绿洲景观格局变化分析[30-31]。徐天蜀等在分析山地流域景观构成基础上，应用景观生态学原理提出了景观生态规划的目标，并详细阐述了山地流域规划时应遵循的原则，提出了实现这些原则的方法和途径[32]。流域作为一个特殊的地理生态环境区域，流域景观空间格局状况是进行流域环境资源规划、管理的基础依据。杨树华等对滇池流域面山区域[33]，甘淑等对澜沧江—湄公河国际河流上游云南段[34]，基于遥感监测所获得的土地覆盖斑块信息，对该地区景观格局进行了分析研究。叶其炎、夏幽泉、杨树华等对云南高原山区进行了农业景观空间格局分析[35]。沈清基、王如松和黄光宇等对城市生态建设进行了大量探讨[36-40]。近年来，汪永华等对海南岛东南海岸带[41]、吴丰林等对城市湿地[42]、王青等对土地利用[43]、苏伟等对石漠化土地可持续利用[44]、黄磊昌等对现代工厂等[45]景观生态规划进行了诸多研究。综上所述，国内的景观生态规划研究的内容较为广泛，对城市、流域、山地、绿洲等广泛的领域都进行了研究，研究的内容也多趋向于实践的应用，且多集中于景观格局和结构方面，对格局与生态过程之间相互关系的研究则相对较少。

1.1.2 景观生态规划的发展趋势

(1)增强城乡区域的可持续发展能力成为景观生态规划的新目标

自世界环境与发展委员会的报告《我们共同的未来》发表以来，可持续发展的概念与内涵不断拓展。主要包括维护生态功能的完整性，协调当代与未来发展的需求，使整个人类公平地得到发展，逐渐达到健康、富有的生活目标。而景观生态规划的主要目标即区域的可持续发展，今后景观生态规划的重要特征就是通过广泛运用生态学、经济学以及地理学等相关学科的知识，协调区域发展与自然环境和自然资源的关系，增强可持续发展能力，使区域既具有较高社会经济发展水平，同时也具有较大的发展潜力和生态完整性。

(2)强调规划的生态学基础

20世纪60年代以来的生态规划，虽然在理论和方法上得到了较大的发展，但在思想上仍偏重于较为传统的生态学，强调人的活动对自然环境的适应。在方法论上仍偏重于关注发展过程中自然资源的容量与潜力，而对于自然生态系统自身的结构、功能及过程及其与人类发展之间的关系研究则显得不够深入，现代生态学特别是生态系统生态学与景观生态学的最新研究成果也较少运用到规划设计中。因此，今后景观生态规划将更多地运用生态学知识，通过深入分析区域生态系统景观生态的结构与生态系统服务功能，生物流、物质流、能量流特征、空间结构、生态敏感性以及发展与资源开发所带来的生态风险等，维护与改善区域的生态完整性，生态系统结构与功能的完整性将成为生态规划的重要组成部分。

(3)多学科相互融合走向新的综合

20 世纪 60 年代环境运动之初，与当时环境运动的主流相适应，生态规划在理论与实践上主要是生态决定论，要求人类活动服从于自然的特征与过程，而对人类本身的价值观及文化经济特征注意不够。自 20 世纪 60 年代以来，开始注意到生态规划应该真正从协调人与自然关系的高度来认识，必须综合自然、经济、文化的特征及其相互作用关系来指导规划实践，走上自然环境、社会与经济的新的综合。

(4)从定性分析向定量模拟方向发展，计算机技术在生态规划中得到广泛的应用

景观生态规划的定量分析还很薄弱。随着生态学自身的发展，人们对自然过程及其与人类活动关系的认识加深以及计算机技术的广泛使用，特别是地理信息系统的应用使得多属性、大范围的空间模拟分析成为可能，从而推动定量分析与模拟在景观生态规划中的发展与应用。

1.2 高山峡谷地区景观生态规划研究

根据文献查询，针对高山峡谷地区的景观生态规划的研究较少。

戴维德(Davide G.)综合利用了 GIS 和 DSS(决策支持系统)对高山峡谷中的自然保护区进行研究，首先对生态系统的景观要素进行了分类，并利用 MCA(标准分析法)排序，建立了几种情景以模拟不同评价前提下景观的变化，并将上述情景与冲突比较显著的地区作逐一比较，同时在评价的前提下提出保护性策略，为自然保护区土地利用规划提供了利用空间决策支持技术的方法[46]。

卡内帕罗(Caneparo Luca)研究了利用动态和交互生成的模型平台为城市和区域设计提供决策参考。通过动态模型构建了可随时间进展与设计者、规划者和决策者及其他相关人员产生交互作用的平台[47]。

有学者在判别式分析和 GIS 的基础上，反映环境影响的参数和阿尔卑斯地区文化景观的影响因素，构建了准确度较高的模型，模拟分析显示了人为干扰对森林植被的影响，同时也反映了海拔高度是植被分布的主要影响因素[48]。

有研究认为规划通常未能反映公共估价与服务的价值，这会对一个区域产生长期的负面影响，特别是类似于阿尔卑斯等以旅游为主要经济来源的高山区域，而土地利用方式的改变将对当地关键的生态系统服务功能和经济产生消极影响[49]。

张惠远、王仰麟综合景观生态规划研究的理论与方法，针对西南喀斯特地区破碎化的景观特征和严重的水土流失，以及贫困落后的山区社会经济状况，利用遥感资料和地理信

息系统(GIS)的空间信息处理技术，采用适宜性评价与景观整体格局优化相结合的方法，探讨山地景观生态规划的实践途径。其中如何将维护山地景观整体生态质量与水土流失的防治相结合，以及如何将贫困落后的社会经济状况纳入规划方案是力图解决的两大核心问题[50]。

曾媛、孙畅指出当前国内风景旅游区开发普遍存在"破坏性"建设现象，有必要建立起以景观综合评价为前提的景观生态保护规划，并以重庆市仙女山国家森林公园总体规划中的生态保护规划为例，提出用生态敏感度和景观敏感度为核心内容的景观综合评价作为景观生态保护和规划建设的基本依据和前提，注重以专业技术知识和科学技术体系为依据，以自然生态优先原则来协调人与自然的关系，同时采取行政立法、经济、科技等手段，以实现人和自然的和谐共生、持续协调发展[51]。

2003年由原昆明大学旅游研究所等编制的《保山高黎贡山生态旅游区总体规划》指出：旅游开发的经济需求、社区人群生物资源的过度利用以及希望开发旅游业的愿望对高黎贡山自然保护区生态环境形成较大的压力。提出了规划指导思想是：根据本旅游区旅游资源禀赋、生态环境特点、旅游发展现状以及旅游市场发展走势，坚持可持续发展思想，加强旅游资源与生态环境保护，大力发展生态旅游，促进地方经济发展，帮助当地群众脱贫致富。在旅游资源与环境保护规划中具体规定了旅游区环境质量标准和旅游容量。对旅游资源保护区划分为特级和一、二、三级保护区，并分别对各级保护区提出不同要求。如特级保护区：严格按照高黎贡山自然保护区实验区的有关保护要求进行保护，并重点加强野生动植物和水生态环境的保护、游客容量的控制、大气和噪声污染综合防治、废弃物的处理[52]。

中国科学院水利部成都山地灾害与环境研究所(简称山地所)运用主动减灾技术建立风景名胜区减灾模式。我国有国家级风景名胜区近200处，加上省级风景名胜区约有700多处。随着社会经济的发展，生态旅游成为时尚，很多风景名胜区的旅游业成为地方经济的支柱。这些风景区绝大多数位于山区，具备泥石流形成的条件，一旦发生泥石流，往往堵塞交通、破坏景点和生态环境，造成严重的人员伤亡和财产损失，还严重影响到旅游业的发展。风景区泥石流的治理不同于其他泥石流治理，不仅要控制灾害，避免人员伤亡，减轻财产损失，而且更重要的是要保护生态和景观，使得减灾工程与景观在美学上协调、统一。因此，风景名胜区泥石流治理成为一个新的急迫课题。

以九寨沟自然保护区生态环境及其保护研究为例，研究人员对九寨沟景观生态的形成和演变、本底条件的基本规律、生态环境及保护措施、泥石流形成条件与活动规律等进行了深入研究；同时，在对该流域的地质、地貌、水文、气象、土壤、植被、土地利用、山地灾害分布等进行实地调查基础上，编制了全流域的一套系列图。以树正支沟为模拟原型，开展了泥石流起动条件和起动机理的研究，建立了泥石流起动的数学模型，进一步提出了基于泥石流起动理论的主动减灾新技术。进而研究了泥石流与生态环境的关系，利用生态环境的天然恢复能力和减灾的生态屏障作用，采用治灾工程与景观协调的设计方法，形成了风景名胜区泥石流防治模式和技术方法[53]。

曾和平，赵敏慧，王宝荣依据景观生态学的基本原理，以哈巴河小流域为研究对象，探讨横断山高山峡谷景观的生态规划与设计原理及方法。结果认为：哈巴河流域地形地貌在横断山区具有典型性，可按高山山地景观和中山山地与河谷景观进行功能分区。规划设计时，高山山地景观功能区以发挥其整体生态环境保护功能为主，不宜作更细微的划分；中山山地和河谷景观功能区规划设计为护岸经济林带单元、农田耕作单元和植被恢复单元[54]。

郭建强研究了四川大九寨国际旅游区生态功能保护问题。大九寨国际旅游区位于四川阿坝州东北部，包括九寨沟、松潘、若尔盖和红原四县范围。集中了以九寨沟层湖瀑叠景观、黄龙边石坝彩池景观、高寒湿地景观等为代表的中国西部旅游资源优势。但随着旅游业的快速发展，生态功能受到了较为严重的威胁，部分景观开始退化、消亡。为此，该研究对其生态环境现状、生态功能进行了剖析，探讨了保护目标和对策，做到了合理利用和可持续发展[55]。

杨子生等研究了怒江峡谷农区景观格局的动态变化，并针对农区现在存在的坡耕壁种、撂荒等现象提出了土地利用的优化设计方案，对高山峡谷地区农区的土地利用方式做出了卓有成效的成果[56]。

综上所述，目前国内针对高山峡谷地区的景观生态规划研究多侧重于风景旅游区的生态功能保护问题，或重点放在维护整体生态质量与水土流失的防治，以及高山峡谷区的功能分区，土地利用方式、方法探讨等方面，在高山峡谷范畴内探讨城乡区域景观生态规划原理及方法的相关研究还较少。

Chapter Two 研究区概况

2.1 自然条件

2.1.1 地理位置

研究区位于怒江流域中段的怒江州福贡县境内，东与兰坪县、维西县交界，南与泸水县相连，西与缅甸接壤，北与贡山县相邻。南北纵距长达百余公里，东西最大横距不足30km，全区总面积2756.44km^2，地处“三江并流”国家级重点风景名胜区的核心地带。

2.1.2 地质地貌

(1)地质[57-58]

①地质构造

本区地质构造属滇西褶皱带，贡山至腾冲隆褶断区，以高黎贡山的长期隆起，怒江河谷的强烈下切为特点。褶皱、断袭发育，以南北向为主组成紧密线状构造，主杆断裂常被后期东西向断裂所破坏，构造复杂，岩石出露相对完整。

山体大部为古老的变质岩系。其山体所属的构造单元，根据不同的构造观点，有不同的名称。若按槽台说，它处于三江褶皱系的西侧，属拉萨褶皱系的一部分；按板块说，它在印度板块与欧亚板块镶嵌交接带附近；按地质力学观点，它属于青藏、滇缅、印尼巨型“歹”字型构造体系西支中段与南北方构造体系复合部位。

通过卫星遥感图像与实地观察，证明怒江大断裂、泸水—瑞丽大断裂与高黎贡山变质岩带，实际为一大型构造系统的不同分支，这个大型构造系统北起西藏，南到德宏西南部，最后转入缅甸境内，它全名叫丁青—怒江主断裂。该断裂时分时合，西支沿高黎贡山西侧山麓的龙江，并呈弧形延伸至瑞丽而出境，属于泸水—瑞丽大断裂。东支沿怒江河谷南延，即怒江大断裂，到中缅交界处北侧，被湾甸—瑞丽断裂切穿，分散变细，最后仍延伸出国境入缅甸。在这两分支中，夹持了高黎贡山变质带，并与西藏境内同性质的嘉玉桥变质带南北排列，相互对应，大约是这一地区地壳运动中，受急剧挤紧和减缩而形成，在构造上是一种奇特现象。这一构造运动过程，控制了区域地质构造发展、演化，同时控制了自然气候条件的改变，相应引起若干生物物种的变异演化，以致形成若干新的属种，为区内自然地理景观、生态环境和生物多样性的形成创造了条件。

②重要地质遗迹

■ 区内分布有多个变质岩带，变质作用类型多样，期次多，叠加改造明显。

■ 沿山体和峡谷，各种形态的褶皱、造型优美的节理、雄险多姿的断层以及岩层的破碎、变质、旁侧牵引现象分布广泛，构成丰富多彩的地质构造遗迹，沿峡谷两岸出露的“混杂岩”“基性、超基性杂岩体”“断裂破碎带”等地质构造形迹，即是典型的板块活动和碰撞的遗迹。

③地质构造形迹

■ 以糜棱岩发育为特征的韧性剪切带，在区内各变质岩带内均有广泛的发育，是喜马拉雅期内陆造山作用强烈改造形成的构造形迹，这种现象在区内出露很好。

■ 区内存在的区域性断裂(怒江断裂)形成了规模巨大的糜棱岩带，表现出明显的右行平移韧性剪切特点，断裂现象几乎随处可见。

(2)地貌[57-58]

本区地处青藏高原南延部分的横断山脉的中北段，地势北高南低，地形呈南北向的两高山夹一峡谷，东为碧罗雪山，西为高黎贡山，怒江河谷呈“V”字型自北向南从中穿越全境(图 2-1)。最低海拔 1146m(俄乌底处江面)，最高海拔 4330m(鹿岩山)，属于碧罗雪山山脉，县城上帕镇海拔 1190. 9m。

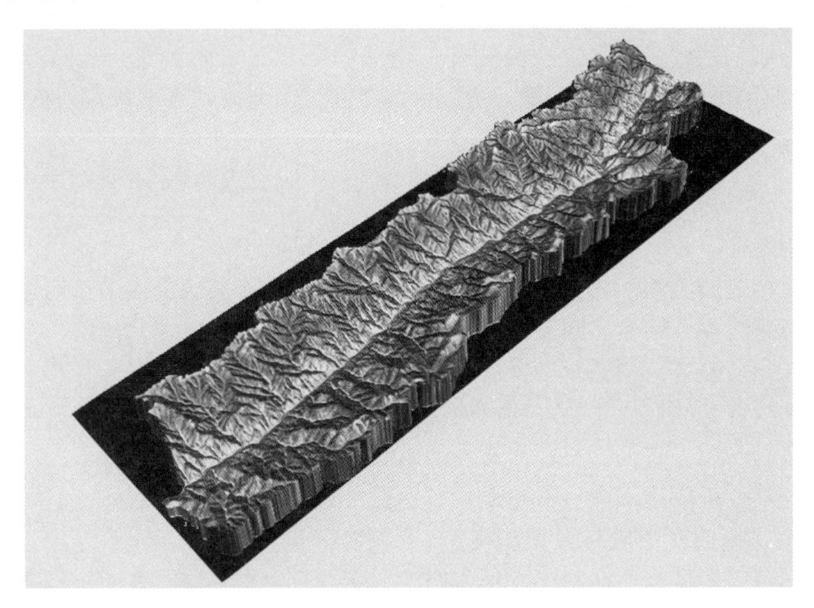

图 2-1 研究区(福贡县)彩色三维立体图

本区在地貌单元上属横断山区中段，地貌特征为南北走向紧密平行排列的两山夹一峡谷。东面的碧罗雪山、西面的高黎贡山及夹于其间的怒江河谷所组成的地貌格架，与本区地质构造的东部德钦至兰坪坳断区，中部怒江河谷深断裂带，西部贡山至腾冲隆褶断区三块相匹配，形成典型的山高坡陡谷深的高山峡谷地貌景观。其类型有：河谷地貌、山地地貌、冰川地貌。河谷地貌包括河漫滩、阶地、冲积扇、洪积扇、泥石流扇等，多分布于沿江一带；山地地貌有剥蚀面、坡山物、滑体坡等，多分布于半山；冰川(古冰湖)、古冰川 U 型谷、冰水扇、冰碛物等分布在高山地带。此外，峡谷、嶂谷、滑坡面、陡崖、断层三角面、离堆山、刃脊、角峰、流石滩等地貌形态多处可见，堪称“天然地质景观博物馆”。

上述地貌背景本身就是宏观的地貌景观，大多是在内外营力共同作用下形成的，但本区更多的地貌类型是以这一地貌背景为基础在外营力不断作用下得以形成，按其外营力成景作用，将其地貌分为以下几种主要类型：

①深壑峡谷地貌

怒江水量大、水流湍急，侵蚀能力极强，峡谷深切，两岸地势险峻，多见悬崖绝壁、雄关要隘和急流险滩。流入主江一级支流达 11 条，江河纵横切割，形成羽状切割地形。在支流河段上受强烈侵蚀而成的峡谷更为壮观。(图 2-2 ~ 图 2-3)

流水在侵蚀、搬运、堆积过程中会形成各种各样的流水地貌，在主江与支流交汇处或山麓地带，常常见到各种冲积扇、洪积扇、洪积锥等冲积地貌及河漫滩和河流阶地，如石月亮、马吉、鹿马登、上帕等，它们既是峡谷景观又是重要居民点所在地。

图 2-2　深壑峡谷地貌——怒江大峡谷(俯视)

图 2-3　深壑峡谷地貌——怒江大峡谷(平视)

②山地地貌

属坡地重力成景作用，多分布于半山。本区地处高山峡谷地貌区，山地比重大，地形陡峭，坡陡谷深，坡地重力灾害现象广泛发育。坡地上的岩体受断裂、褶皱的影响，多倒转褶曲，岩层倾角多在50°以上，加之节理、裂隙发育，岩层破碎，山崩、滑坡经常发生，怒江流域发育有大大小小的崩塌倒石堆，飞来石、江心松等都属典型的崩塌所致，滑坡体也很普遍(图2-4~图2-5)。

图2-4 山地地貌——飞来石

图2-5 山地地貌——崩塌倒石堆

③冰川地貌

冰川在形成、移动过程中有侵蚀、搬运和堆积作用，正是这些作用雕刻着冰川分布和流动地区的地表，造成别具一格的地貌形态。怒江州接近青藏高原，是云南地质时期冰川作用最强烈、冰川遗迹分布普遍、发育典型的地区。冰川地貌在本区的高黎贡山有分布，海拔4500m以上的地方还有现代冰川地貌发育。

冰川消融以后，留下众多的因剥蚀和磨蚀作用所形成的景观和冰川带来的石块泥沙堆积而成的景观。雪线以上，区内的山脊和山峰形成高耸尖锐的角峰和锯齿状的山脊(刃脊)，这二者雄奇险峻，有极佳的形象美[59]。在较古老的冰蚀、冰碛、冰斗洼地中，融雪水聚积成潭、湖，形成成串成片的高山冰蚀湖群，主要分布在本区高黎贡山的马吉乡和石月亮乡以及碧罗雪山的匹河乡境内，如木格湖群、害扎乙玛湖群、七连湖等。冰川改造了原来的山谷或河谷，可形成U形谷，穿越高黎贡山的许多丫口就属冰川U型槽谷(图2-6)。

④高山喀斯特地貌

区内广泛分布着碳酸盐类岩石，在冰蚀、融冻、溶蚀作用下，形成了高山喀斯特地貌景观，常见的地貌形态有峰丛、悬崖、大泉、溶洞等。岩石表面溶蚀形态不发育，少见洼地、落水洞。典型的高山喀斯特峰丛分布在本区的石月亮乡，月亮山的石月亮(喀斯特穿洞)高悬于怒江江面以上近2000m处(图2-7)。

图2-6 冰川地貌——高黎贡山皇冠峰

图2-7 高山喀斯特地貌——石月亮

⑤花岗岩峰丛地貌

花岗岩、变质岩构成的山体，在构造运动的强烈作用下，导致岩层直立、岩体断裂裂隙发育；后经冰雪作用，流水侵蚀作用及物理风化作用，将花岗岩体分割成峰丛状，形成花岗岩峰丛地貌，最典型的分布于本区石月亮乡(图 2-8)。

图 2-8　花岗岩峰丛地貌

2.1.3　土壤

土壤类型的特点是海拔垂直分布于高黎贡山上，从山脊到河岸土壤主要有：高山亚高山灌丛草甸土、棕色暗针林土、暗棕壤、棕壤、黄棕壤和间隙性黄棕壤等。土壤的垂直分布受高山峡谷地貌影响，境内海拔高程变幅大，相对高差达 3000m 以上，对生物气候和土壤的分布影响最大，呈明显的垂直分布。同类型土壤带南部分布稍高，北部较低，相差 100m 左右，高黎贡山东坡和碧罗雪山西坡海拔 3500m 以上为亚高山灌丛草甸土，海拔 3300～3500m 之间的为棕色暗针叶林土；海拔 2800～3300m 之间为暗棕壤；海拔 2200～2800m 之间是棕壤；海拔 2200m 以下至江边是山地黄棕壤和间隙性黄红壤、水稻土等。

2.1.4　河流水系

区内河流湖泊众多，地表、地下水均十分丰富，各种水体景观呈现出千姿百态的景象。怒江自北向南奔流而过，深切河谷，形成壮丽奇特的峡谷景观。支流众多，水流湍急，或涓涓细流，或潺潺流水，或跌水瀑布，奇险秀丽。湖泊遍布、泉涌丰富、冰川广布，形成广阔的水域风光[60]。

(1)壮丽江河景观[57-58]

怒江源于西藏自治区唐古拉山脉的巴斯克我山，从西藏自治区察隅县入贡山县青拉桶，流经福贡、泸水，于泸水县蛮云河交汇处出境入保山市，全长316km，在本区内全长83km。两岸陡峭，水急弯多，江水怒吼，声震山谷，与同纬度的澜沧江、金沙江相间约20km，且海拔分别低300m、500m，形成了著名的“三江并流”自然景观。

怒江奔流于碧罗雪山和高黎贡山间，两侧高峰耸立，河谷狭窄。全江比降大，水流湍急，险滩众多。本区河流属山地型河流，地势高耸、降水丰沛，致使区内河流切割强烈，形成山高谷深的峡谷景观。

受南北向构造带的影响，整个区域地壳处于不断抬升过程中，河流的强烈下切主要沿断裂带进行，形成南北并列的平行状水系。区内北部隆起幅度大，南部相对较低，河流沿北高南低的地势不断下切和溯源侵蚀的作用更为强烈，最终形成了巨大的河谷形态。

全区作为全省降水量较多的地区之一，干湿季分明，水位变化还是一高一低的单峰值型，但洪枯水位差异也比较小。受降水丰富的影响，各河流的径流量或产水量丰富，如怒江径流量为87.32亿m^3。

由于受断裂构造的影响，南北向的大断裂与次一级相垂直的断裂控制了河流的发育。怒江沿南北方向发育，其支流多垂直分布，均具有流程短(很少超过30km)，落差大(一般均在2000m以上)，水量大，水质优等特点，形成放射状和羽状的怒江立体水系。怒江比降为20.3‰，各水系支流虽短，但落差很大，多数支流的比降在50‰以上，也使各河流具有较大的切割系数，使河流遭受强烈切割，故河谷均为深切的峡谷形态，较为壮观。

此外，流域内植被覆盖较好，江岸山体又多为硬质层厚的花岗岩、片麻岩、混合岩等，各流域河段森林景观、山石景观均很丰富。河流内含沙量较低，水中多砾石，粗细沙粒、泥质悬浮状物质少，河水清澈，多为白色或绿色，雨季洪水时，水为黄绿色，与全省乃至全国其他大江大河相比，怒江为水色最清、透明度最大的河流(图2-9~图2-11)。

图2-9 壮丽江河景观——怒江

图 2-10　壮丽江河景观——碧罗雪山支流

图 2-11　壮丽江河景观——高黎贡山支流

(2)高山飞瀑[57-58]

由于区内降水丰富，河川径流量大，加之高山峡谷的地貌形态，为瀑布的形成创造了条件。本区内瀑布数量之多为其他地区少见，沿怒江各支流上常有高差不一的瀑布存在。

瀑布是本区常见的一种地貌形态，数量多，形状奇特，有突出的地位。峡谷地貌山高谷深，山体陡峭，多处形成断崖，而区内地下水、地表径流丰富，为瀑布的形成创造了条件。

由于植被和岩体岩性的影响，地表径流含沙量小，水质清澈，瀑布水流多呈白色，悬于各种各样的岩壁上。岩壁上伏植被或是幽深碧绿，或是一片金黄，裸露岩石层理分明，色彩斑斓，把千姿百态的瀑布群衬托得异彩纷呈(图 2-12～图 2-14)。

图 2-12　高山飞瀑——亚平飞瀑

图 2-13　高山飞瀑——高黎贡山飞瀑

图 2-14　高山飞瀑——碧罗雪山悬瀑

(3)高山冰蚀湖[57-58]

本区属横断山脉纵谷地带，高原面残存较少，发育湖泊的条件较差，缺少大型湖泊，但在山地山顶或山腰上，第四纪冰川作用留下了众多的冰斗、洼地，冰退后积水而成，属冰蚀湖，湖泊规模较小。

冰蚀湖主要分布于海拔 3500m 以上的山地区，为冰川作用形成的冰斗、围谷，自然环境受人为破坏较少，湖泊周围原始生境保留较多，湖水几乎无污染。加之高海拔低温的影响，湖中水生生物数量少，水质清澈，多呈蓝绿色(图 2-15～图 2-16)。

图 2-15　高山冰蚀湖——害扎乙玛湖群

图 2-16　高山冰蚀湖——害扎乙玛湖群湿地

2.1.5　气象气候

(1)气候[57-58]

本区从南到北有南、中、北亚热带和南温带等气候类型。海拔从怒江到山顶相差较大，季风气候典型，立体气候显著，高黎贡山山上常年有零星积雪，因此，具有"山上白雪未尽，山下百花争妍"的气候特征。特点是：秋冬短，春夏长；雨量充沛，湿度大，春夏洪涝成灾，秋冬少雨，个别年份还有干旱，但以洪涝为主，危害较大。

①四季温差小，年际变化小

本区除高山地带和低热河谷地区外，大部分地区没有夏季，春秋两季较长，相连可达313d，冬季较短，多数地区在100d以下，是冬无严寒，夏无酷暑，四季如春的气候。降水相对变率全年为10%，是全国最小的地区。热量年际变化小，无霜期278d，最短240d，差值只有38d，热量指标相对稳定。

②雨量充沛，雨量分布不均

本区雨量丰富，但分布不均，降水的分布有地域、垂直、季节的明显差异。主要有北多南少；西多东少；高山多，河谷少的特点。

③立体气候显著

本区是高山峡谷地带，高差悬殊，气温和降水的分布差异很大，气候垂直变化明显。两高山夹一峡谷的地势，使气温随怒江河谷两岸海拔高度的变化呈垂直性带状分布。海拔1600m以下的沿河地带为湿热气候，海拔1600~2600m的地带为亚热带和暖温带气候。平均气温16.9℃，从沿江河谷湿热带到高山区寒温带，海拔每上升100m，气温下降0.58℃；气温的垂直分布温差大而明显，水平分布温差小，不明显，为垂直差异突出的"立体气候"。

(2)降水[57-58]

雨量充沛，雨量分布不均，洪突频繁。每年平均降水量一般在1300~1600mm之间，年各季雨量分配差异较大。一年中，一般雨季2月开始，10月结束，最多降水量为2~4

月，降水量为582mm，占全年降水量的42%左右。

(3)湿度与蒸发[57-58]

研究区地处西藏高原冷空气和南方暖风交汇地带，降水分散，阴雨天多，沿江河谷属低海拔地区，风速小，年平均气温16.9℃，最高月份温度达37.2℃，年平均蒸发达1228.2mm，几乎相当于全年降水量。大量蒸发和空气不流通而形成高温，湿度较高。年平均相对湿度为80%，平均绝对湿度15.6hPa。

(4)日照、辐射[57-58]

全年日照时数平均为14025h，日照率为32%，太阳总辐射量为101775Cal/cm^{2}年，生理辐射为52566Cal/cm^{2}年。

(5)成因分析[57-58]

①下垫面与成因分析

区内独特的气象气候景观是在多种因素的共同作用下形成的，其中下垫面山地、森林、河流、裸露地面等对气候有一定影响，以担当力卡山、高黎贡山、碧罗雪山、云岭四座巨大山地和独龙江、怒江、澜沧江三条深邃的巨大峡谷为主体的地貌结构，对本区气候景观的形成影响巨大。

首先，山体均呈南北向排列，它们临近缅北高原与伊洛瓦底江大平原，离源于印度洋孟加拉湾的气流较近，从西南方向向东北推进的湿热气流遇到一座比一座高耸的山地，大量水汽遇阻上升，形成雨雪，降落在区内的山地或河谷中，形成夏半年的丰沛降水。冬半年易受由青藏高原东下的气流影响，经印度东下的高空槽也经常经过本区，所以冬半年也多雨雪天气。在冬半年，云南省各地区均为干季，少降水，有时春旱还较严重，但本区域却是雨多、雪多，在山地形成丰富的积雪。

由于山地顶峰多在3800m以上，而山下河谷底部仅1200m左右，高差巨大，故而气候的垂直变化明显，在气候多层垂直变化的影响下，相应的土壤与植被的地带性变化也很显著。气温、降水因地形和高度而不同，一般随海拔升高而气温下降，雨季降水量随高度增加而增多。

高大的山体已伸入大气对流层，足以影响气流的运动，局部的异常活动就能干扰正常气流，引发异常的天气变化，发生扰动天气现象。

山地中植被保存较好，森林密布，本身随山体高度变化呈现不同的地带性景观。同时，森林植被对地表径流有很强的固留作用，增加了土壤的水分，植被和土壤蒸发为云雾的形成提供了水汽条件。怒江及枝网密布的支流水系，本身是地域广阔的水面，水汽来源更为丰富，使近地面气层水汽含量更加充沛，加之在山谷风的作用下，极易形成逆温层，使大气层结构稳定。在有适当的乱流混合的晴夜，近地表积存水汽凝结成雾，日出后蒸发扩散形成低云。

②大气环流与景观成因分析

本区所处的季风环流形势，对气象气候的形成具有重要的意义。

夏半年高空为赤道低压带天气系统，地面为来自孟加拉湾的西南气流控制。这支气流气层深厚稳定，水汽含量极为丰富，形成夏半年的降水。迎风坡年降水量高达3600mm以上，与印度东北部、东喜马拉雅并列，形成3个多雨中心。夏半年，青藏高压和西太平洋副热带高压之间常形成辐合区，是产生大雨过程的主要天气系统。10月，在夏季风气流撤离过程中，西风南支急流建立，在西南季风、东南季风气流之间，西风带高空槽加深，形成切变线降水影响全省，怒江也在其影响范围内。此外，孟加拉湾风暴常在5月和10月西南季风期的前后有影响，当孟加拉湾风暴云团与南支槽云带联结以后，南支槽云带由于受到风暴潮湿空气和涡度的输送，云系加密扩展，与对流层上部南支急流结合，降雨加强，雨区扩大。冬半年，怒江主要受西方扰动气流影响。由于西风南支急流沿青藏高原南侧前进时，因地貌扰动产生脊线和低槽，称“南支槽”，其槽底伸到孟加拉湾，带来了暖湿气流。槽前吹来的海洋西南季风沿山体抬升上爬，槽后由高原冷平流推来的偏西北季风居高临下，南移下楔于怒江河谷，两者交汇相遇，形成2月中下旬到4月下旬的“小雨季”，也就是当地所称的“桃花汛”(图2-17～图2-19)。

图2-17　气象气候——碧罗雪山冬季云雾

2.1.6　生物

(1)植物资源[57-58]

本区植物区系在我国区划系统上属古热带植物区系与泛北极植物系区成分交汇过渡区，中国—喜马拉雅森林植物亚区，又以高黎贡山山脊为界，跨着横断山植物地区和北缅甸植物地区，在中国植物区系中占有重要地位。由于本区处在特殊的地理位置，受复杂的地貌及气候条件的控制及影响，为这片山地创造了特殊的生态环境条件，进而使这里发育的植物区系种类繁多，成分复杂。因此形成了该区系的种属繁多、新老皆备、地理成分丰富等山地植物区系特点。由于地处峡谷地带，垂直地带性分布明显，从谷底到山巅，跨越了从常绿阔叶林到亚高山灌丛草甸等六个植被带[61](图2-20)。据《怒江州林业志》记载，在漫漫历史长河中，怒江峡谷满目林海，苍翠茂密。树种繁多且树龄数十年至数百年不

图 2-18　气象气候——高黎贡山云雾

图 2-19　气象气候——远眺碧罗雪山云海

等，均系原始天然林，森林覆盖率在50%~60%以上。然而，由于人为干扰破坏，到1973年福贡县森林覆盖率下降到9.0%[62]。

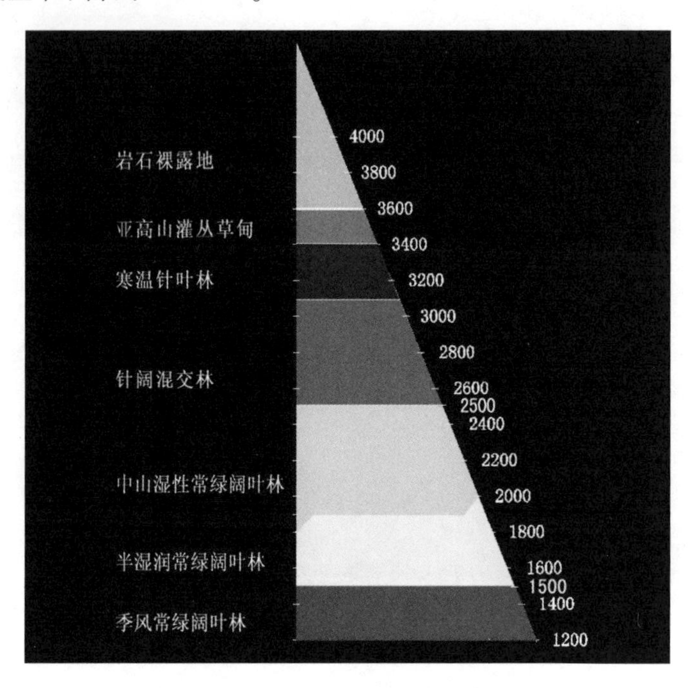

图2-20　研究区植被垂直分布图

①植被类型[63]

■ 季风常绿阔叶林

季风常绿阔叶林在本区主要分布于海拔1500m以下的河谷范围，在南亚热带气候条件下形成和发育，受热带季风影响，林下有较多的热带区系成分。然而受到人工干扰的影响，本区自然森林几乎全遭破坏，广大山地除坡耕地之外，多发展为人工桐林，或由类芦[*Neyraudia reynaudiana*（Kunth）Keng ex A. S. Hitchc.]、硬杆子草[*Capillipedium assimile*（Steud.）A. Camus]、白茅[*Imperata cylindrica*（L.）P. Beauv.]等组成的次生灌木林代替（图2-21）。

■ 半湿润常绿阔叶林

半湿润常绿阔叶林主要分布在滇中山地，是云南高原的基本类型。本区已是其分布的最西边缘，只有一个高山栲[*Castanopsis delavayi*（Franch.）Schott.]群系，分布于研究区南段海拔1800m—2000m以下的怒江谷地，目前一部分地方已被农耕开发。残余的部分与落叶树等组成次生类型(图2-22)。

■ 山地湿性常绿阔叶林

高黎贡山由于雨量充沛，湿性常绿阔叶林异常发育，是整个森林植被的主体部分。分布于海拔2000~2500m之间，该区地形险峻，交通不便，仍保存着较完整的原始状态。主要以石栎属(*Lithocarpus*)、青冈属(*Cyclobalanopsis*)种类为优势。有青冈[*Cyclobalanopsis glauca*（Thunb.）Oerst.]、曼青冈[*Cyclobalanopsis oxyodon*（Miq.）Oerst.]、薄片青冈[*Cyclobalanopsis lamellosa*（Smith）Oerst.]、硬斗石栎[*Lithocarpus hancei*（Benth.）Rehd.]和白

图 2-21　植被类型——季风常绿阔叶林

穗石栎(*Lithocarpus craibianus* Barn.)5 个种群系。树干上有苔藓、地衣、附生蕨类和附生种子植物；林下有箭竹层片，蕨类有较大的生物量。林地土壤为黄棕壤，土层较深厚，腐殖质含量高达 2.5%~5.7%，自然肥力高(图 2-23)。

图 2-22　植被类型——半湿润常绿阔叶林

图 2-23　植被类型——山地湿性常绿阔叶林

■ 针阔叶混交林

研究区针阔叶混交林有铁杉—常绿阔叶混交林和铁杉—落叶阔叶混交林两种植被类型，主要是铁杉与常绿阔叶树种混交和铁杉与落叶阔叶树种混交而成的类型。分布于海拔2500~3100m之间，这一带的树种多数高大，尤其像喜马拉雅铁杉[*Tsuga dumosa*（D. Don）Eichler]等树种，胸径在100cm以上，同时混生较多的多变石栎等，及常绿高山栎（*Quercus forrestii*）以及落叶阔叶树、槭、桦树，共同组成针叶、阔叶混交林，林下的箭竹、蕨类十分丰富，树干附生的苔藓植物也十分发达(图2-24)。

图2-24 植被类型——针阔叶混交林

■ 寒温性针叶林

分布于海拔3100~3900m之间，构成紧接阔叶混交林带之上成环带状分布最高的森林类型，其种类组成较单一，上层主要是苍山冷杉(*Abies delavayi* Franch.)、桦木(*Betula*)和槭树(*Aceraceae*)，灌木以高大箭竹(*Fargesia spathacea* Franch.)类和多种树杜鹃(*Ericaceae*)占绝对优势，树附生苔藓(Bryophyta)也极为发达。经采伐后的次生类型主要是落叶林与箭竹林(图2-25~图2-27)。

图 2-25　植被类型——苍山冷杉与箭竹林

图 2-26　植被类型——寒温性针叶林(碧罗雪山)

图 2-27　植被类型——寒温性针叶林(高黎贡山)

■ 亚高山灌丛草甸

分布于海拔 3400m 以上的山脊与山顶，属寒冷多风地段，也是树木难于生长而沦为高寒灌丛与草甸之区域。常见的植被类型有杜鹃灌丛、高山柏灌丛和高山柳树灌丛等(图 2-28)。

图 2-28　植被类型——亚高山灌丛草甸

②珍稀濒危植物种类

区内有国家级保护植物 11 种，省级重点保护植物 6 种，在珍稀濒危保护植物中，桫椤、秃杉等为第四纪冰期之前残留的孑遗植物(详见表 6-8 ~ 表 6-10)。

③主要观赏花卉

主要观赏花卉有兰花、杜鹃花和野生百合花等(图 2-29 ~ 图 2-36)。

图 2-29　观赏花卉——杜鹃

图 2-30　观赏花卉——鸢尾

图 2-31　观赏花卉——百脉根

图 2-32　观赏花卉——小球玫瑰

图 2-33　观赏花卉——紫花地丁

图 2-34　观赏花卉——魁蓟

图 2-35 观赏花卉——白檀

图 2-36 观赏花卉——青荚叶

■ 兰花

研究区内兰花(*Orchidaceae*)品种繁多，有石豆兰(*Bulbophyllum*)、卵叶贝母兰(*Coelogyne occulata* Hook. f.)、斑唇贝母兰(*Coelogyne punctulata* Lindl.)、虎头兰(*Cymbidium hookerianum* Reichb. f.)、兔耳兰[*Cymbidium lancifolium* (Hook.) Lindl.]、楚雄蝴蝶兰(*Phalaenopsis chuxiongensis* F. Y. Liu)、大雪兰[*Cymbidium mastersii* (Griff. et Lindl.) Benth.]等 70 多个品种；特别是福贡的“蝴蝶兰”在省内外享有盛名。

■ 杜鹃花

研究区内有团花杜鹃(*Rhododendron anthosphaerum* Diels)、窄叶杜鹃(*Rhododendron araiophyllum* Balf. f. et W. W. Smith)、夺目杜鹃(*Rhododendron arizelum* Balf. f. et Forrest)、毛萼杜鹃(*Rhododendron bainbridgeanum* Tagg et Forrest)、宽钟杜鹃(*Rhododendron beesianum* Diels)等 50 余个品种；主要分布于海拔 2400～3500m 的针阔混交林、阔叶林、竹林、山菁竹丛、高山灌丛、乱石丛、冷杉或箭竹丛、高山沼泽湿润地、杂木林中。

(2)野生动物资源

由于研究区地处低纬度地带，山体高差悬殊较大，并具有较完整的南亚热带到高山寒温带的自然植被垂直带谱；另外，喜马拉雅山脉由西向东延伸后，至高黎贡山则转成南北走向，所以，高黎贡山的动物区系与喜马拉雅山脉有着密切的关系，使高黎贡山成为青藏高原、喜马拉雅山、印缅山地、中南半岛、马来半岛南北动物区系成分交汇的通道和走廊，动物区系成分复杂而多样，是十分重要的天然动物资源库。1986 年，福贡县林业区划对全县的野生动物资源进行了勘查，在本区内计有一级保护动物 7 种，二级保护动物 32 种(表 6-11)。

2.2 社会经济

2.2.1 历史沿革

福贡西汉属越崔郡；东汉至西晋属永昌郡；东晋属西河郡；唐南诏属剑川节度地；宋大理国属谋统部地；元属丽江路；明属丽江府地；清属丽江府。

民国24年(1935年)改称“福贡设治局”，隶属丽江行政督察专员公署。

1949年12月25日，福贡县人民政府正式成立，属丽江专区；1954—1986年属怒江傈僳族自治州；“福贡”二字沿用至今。

2.2.2 民族

(1)民族组成与分布[60,62,64]

福贡县全区总人口约10万。傈僳族占70%左右，怒族约占17%。其余人口由白、纳西、汉、独龙、彝等民族组成，具鲜明的民族特色和悠久的历史文化。

区内居住历史最悠久的民族是怒族和傈僳族。元以后，普米族、白族(那马人、勒墨人)、藏族、彝族、纳西族、汉族先后进入怒江腹地，形成了这一地区地域狭小而民族众多的峡谷民族分布局面(图2-37~图2-39)。

先后进入怒江的各民族，依托峡谷所特有的自然生态环境，创造着自己的民族文化，但由于各自特定的环境，在政治、经济和文化上表现出了千姿百态的特点。表现为经济形态尚处于原始公社解体向阶级社会过渡的发展阶段，刀耕火种的原始农业占较大比重。从人文旅游资源的角度来进行评判，这种社会发展形态的不平衡性，留下了文化的最大差异性，形成了中国乃至世界都独具魅力的峡谷文化。

图2-37 民族——傈僳族妇女

图2-38 民族——傈僳族女子

图 2-39 民族——怒族男子

(2)社会发展的特点[60,62,64]

本区边疆、民族、高山峡谷、偏远和贫困“五位一体”是其基本特点。从社会经济形态看，呈现出明显的“十低六高”特征。即社会发育程度低，生产力发展水平低，物质技术基础低，人口科学文化素质低，人民生活水平低，劳动产品商品率低，经营管理水平低，产品科技含量低，经济效益低，社会保障能力低；同时，自然经济成分比重高，贫困人口比重高，文盲半文盲人口比重高，亏损企业比重高，农村人口比重高，不通公路及缺医缺电的村社人口比重高。表现出典型的社会主义初级阶段的低层次特点。

2.2.3 人口及行政建制

县内世居民族为怒族。公元 15 世纪后，傈僳族从金沙江、澜沧江一带逐步迁入怒江，造成县内人口第一次较大规模的增长。2017 年末全县户籍总人口 12 万人，县域平均人口密度 41.32 人/km^2。企业从业人员 658 人，第二产业从业人员 1955 人，第三产业从业人员 15948 人，固定电话用户 1561 户。县内人口主要居住在江边一线和半山腰地带，有少量居住在高海拔的山区。2017 年末，福贡县设上帕镇和匹河、鹿马登、石月亮、马吉、架科底、子里甲等六个乡，共辖 57 个村民委员会、1 个社区居委会，612 个村民小组。全县以傈僳族为主体的少数民族占总人口的 98.3% 以上。境内群众信奉唯一的基督教，信教群众 5.6 万多人，占总人口的 62% 以上。全县 9 万多农业人口中还有低收入贫困人口 3.6 万多人，其中经济纯收入在 875 元以下的深度贫困人口 1.61 万人以上。全县耕地面积 11.82 万亩，其中坡度在 25 度以上的占 85% 以上。

表 2-1　福贡县 2017 年末分乡镇人口一览表

乡镇名	常住总人口(人)	面积(km^2)	人口密度(人/km^2)	企业从业人员(人)
上帕镇	32811	386.72	85.00	238
鹿马登乡	15782	413.95	38.13	76
石月亮乡	12890	476.33	27.58	89
马吉乡	9562	502.75	19.02	47
架科底乡	17930	257.15	69.73	58
子里甲乡	12716	305.70	41.60	10
匹河乡	11341	402.09	28.21	140
合　计	113032	2744.69	41.32	658

来源：[1]国家统计局农村社会经济调查司．中国县域统计年鉴——2018(县市卷)[M]．北京：中国统计出版社，2019.

[2]国家统计局农村社会经济调查司．中国县域统计年鉴——2018(乡镇卷)[M]．北京：中国统计出版社，2019.

[3]福贡县文明网：http：//fg. nujiang. cn/html/about/fugonglishi/.

图 2-40　匹河乡知子罗

图 2-41　县城水利设施

图 2-42　沿江居民点

图 2-43　傈僳族民居——千脚落地房

图 2-44　基督教堂

2.2.4　综合经济

由于历史原因和地域的限制，生产力水平低，经济落后，生产长期处于“三把式”(一把火、一把刀、一把锄）的原始粗放耕作阶段。世世代代被封闭在怒江大峡谷的高山深谷中，社会生产力水平低下，与外界经济文化交流少，因而表现为经济形态尚处于原始公社解体，向阶级社会过渡的发展阶段，刀耕火种的原始农业占较大比重。基础设施落后，生产的商品化、工业化、社会化程度不高，经济增长的质量差，经济和社会发展处于全州之末。2017 年末全县地区生产总值 150154 万元，第一产业增加值 31526 万元，农业增加值

12333 万元，牧业增加值 14309 万元，第二产业增加值 23460 万元，公共财政收入 7527 万元，各项税收 3810 万元，公共财政支出 152495 万元，居民储蓄存款余额 110965 万元，年末金融机构各项贷款余额 115326 万元。

表 2-2　2017 年福贡县工业和农业概况表

农业机械总动力(万千瓦特)	油料产量(吨)	工业企业个数(个)	规模以上工业企业单位数(个)
4	458	24	2

来源：[1]国家统计局农村社会经济调查司．中国县域统计年鉴——2018(县市卷)[M]．北京：中国统计出版社，2019.

[2]国家统计局农村社会经济调查司．中国县域统计年鉴——2018(乡镇卷)[M]．北京：中国统计出版社，2019.

表 2-3　2017 年福贡县教育、卫生和社会保障概况表

普通中学在校学生数(人)	小学在校学生数(人)	医疗卫生机构床位数(床)	各种社会福利收养性单位数(个)	各种社会福利收养性单位床位数(床)
4556	9843	320	2	96

来源：国家统计局农村社会经济调查司．中国县域统计年鉴——2018(县市卷)[M]．北京：中国统计出版社，2019.

Chapter Three 研究区景观格局现状

3.1 研究目的

景观空间格局(Landscape Pattern)一般指大小和形状不一的景观斑块在空间上的配置，是资源和物理环境空间分布差异的表现，是景观异质性的重要内容，制约着各种景观生态过程[65]。景观格局是由景观流形成的，同样，景观格局也影响着各种景观流。景观并不能单纯地描述为耕地、房屋、道路、河流和耕地等的总和[10]，其作为一个整体具有其组成部分所没有的特性，对于整个城乡区域环境，特别是高山峡谷区域来说，区域的景观空间格局在很大程度上影响了城区的用地空间布局和发展，只有在区域的层面上才能从各种景观斑块的镶嵌中发现影响城区发展的规律性。

本章在已有研究的基础上，系统研究本区域的景观类型组成及其空间分布，主要目的是：①将景观格局看作是包括干扰在内的一切生态过程作用于景观的产物，是包括一系列相互叠加以及在某种程度上相互联系的特征，以明确不同景观的空间格局及其效应；②进一步明确产生和控制空间格局的因子和机制，从看似无序的景观斑块镶嵌中，发现潜在的有意义的规律性，为本区景观生态规划提供研究基础和科学依据。

3.2 研究方法

3.2.1 社会经济和生态资料收集

采用遥感技术与常规的社会调查、文献资料查询、实地科学考察相结合的方法收集研究区生态系统、社会、经济的信息，其目的是了解所研究区域的现状[66]。

重视空间数据的收集是景观生态学的基本特征之一。根据研究对象的规模，确定合适的空间尺度或分辨率非常必要。不同的研究尺度，数据收集方法和来源也不相同。

(1)现有资料的收集

尽可能地了解并收集研究地区已有的调查和分析资料是提高研究工作效率、降低研究费用、获得预期研究成果的基础。

①专业调查资料。有许多资料可以直接利用，如研究地区林业生产单位、教学和科研单位开展的各种专项调查研究获得的标准地和样地调查资料，森林资源调查样地和标准地调查资料，各类作业设计调查获得的标准地资料和调查分析成果等。其他相关的专业调查和研究项目所获得的资料也经常具有重要的利用价值，如地质调查、土壤普查、植被调查、水文调查观测资料、气候资料，以及其他专业调查等形成的调查资料和分析成果。

在对本区景观生态格局研究中，重点收集了研究地区自建立“高黎贡山国家自然保护区”和“怒江自然保护区”的调查和研究资料，也收集了云南省水利水电科学研究所、福贡县水电局编制的“福贡水土保持规划”和云南省城乡规划设计研究院编制的“三江并流国家级风景名胜区——月亮山核心景区总体规划”“福贡县县城总体规划”等资料，对了解和掌握研究地区土地利用状况和景观组成结构状况的历史发展都有很大帮助，对提高遥感图像判读解译质量也起到了重要作用。

②图面历史资料。收集有关研究地区的地质、土壤、气候、植被、立地条件、生境质量、火险等级、水土流失等方面的图面资料具有更重要的应用价值，收集了福贡县国土资源局 1996 年编制的“土地利用现状图”“土地利用规划图”；福贡县林业局 1985 年编制的“林相图”等资料，许多资料可以直接作为空间数据和属性数据的数据源，有些资料可以作为辅助资料充实当前的调查资料，或者作为提高遥感图像判读精度的参考资料。

(2)遥感数据

利用相关资料，查找研究区所需地形图和 DEM(数字高程模型)的编号，然后到相关部门购买。本次研究所采用的遥感影像数据基本信息见表 3-1，购买 12~4 月份之间影像质量较好的 TM 影像数据(图 3-1 ~ 图 3-3)。

表 3-1　研究所采用的遥感影像参数

年份	遥感平台	轨道号	通道数量(个)	最大分辨率(m)
1986	Landsat-5	132 – 41	7	30
	Landsat-5	132 – 42	7	30
1994	Landsat-5	132 – 41	7	30
	Landsat-5	132 – 42	7	30
2004	Landsat-5	132 – 41	7	30
	Landsat-5	132 – 42	7	30

(3)社会经济状况数据的收集

景观结构及其变化与人类活动的关系极为密切。随着人口的增长，人类活动强度不断提高，范围迅速扩大，影响无处不在。景观生态学将人类活动方式及其影响作为重要的研究内容，因而与景观结构、功能及其变化相关的人类活动的内容、方式、强度、频度等数据必不可少。通过对研究地区的社会经济状况进行调查，可以从总体及细节上为评价和预估人类生产和生活对景观的现实和潜在压力提供依据，如森林产品产量、道路状况、城镇建设发展状况、人口密度、经济来源、农业耕作方式、畜牧业发展状况以及与土地资源利用相关的产业发展状况等。

3.2.2　基础地理信息数据的研制

(1)地形图数字化[66]

地形图数字化之后，数字化的结果可使制图后的内容更加详实，反映人类对环境的干扰范围(路代表人类活动的范围)。同时，水系和境界可以为流域界的划定提供辅助作用。

地形图数字化的过程包括：地形图处理、扫描、配准、图形矢量化、属性数据结构的修改、属性数据的录入、矢量图层裁减和接边、数据的检查和纠正等几个过程。按照以上流程，可将扫描数字化的过程分为以下 6 个大的步骤，具体流程如图 3-4 所示。

①地形图的处理和扫描。地形图的扫描矢量化首先从纸质图的扫描开始，扫描之前，应对图面进行处理，以减小因图面因素造成的误差。再将待数字化的地图放在扫描仪上扫描，扫描结果保存为 JPG 影像格式；之后将这种格式的影像数据导入到 ERDAS 中，等待下一步处理。

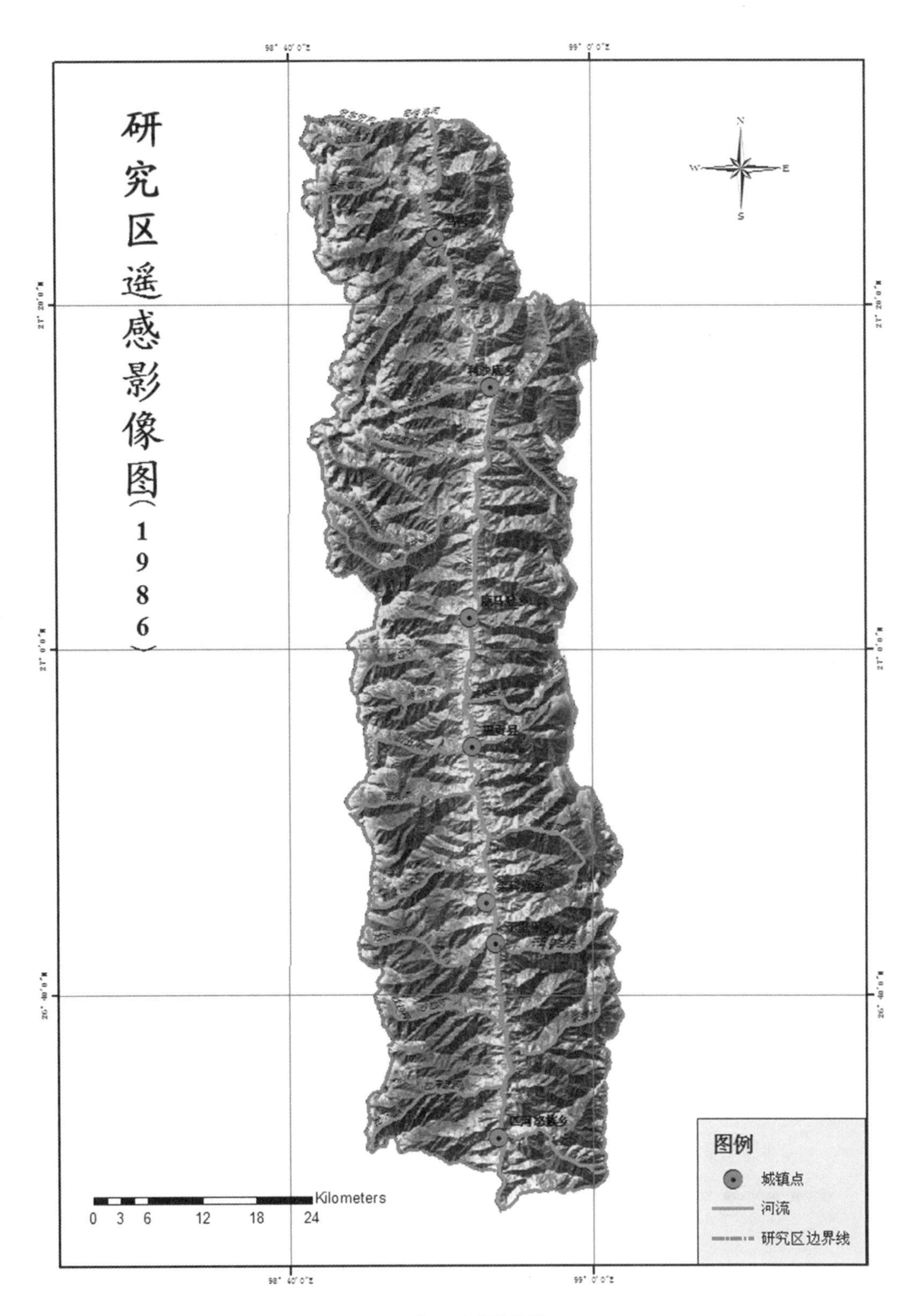

图 3-1 研究区遥感影像图(1986)

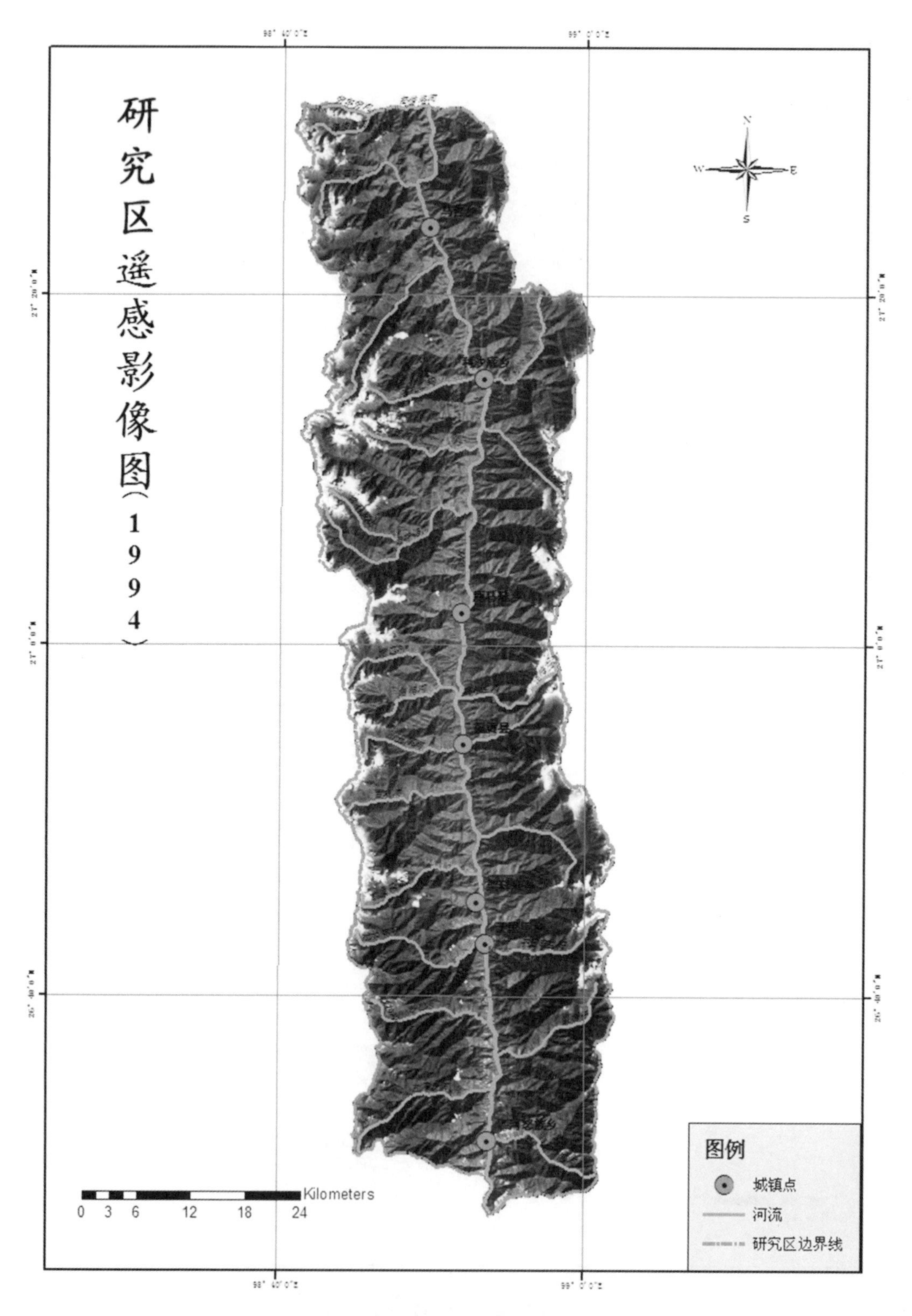

图 3-2 研究区遥感影像图(1994)

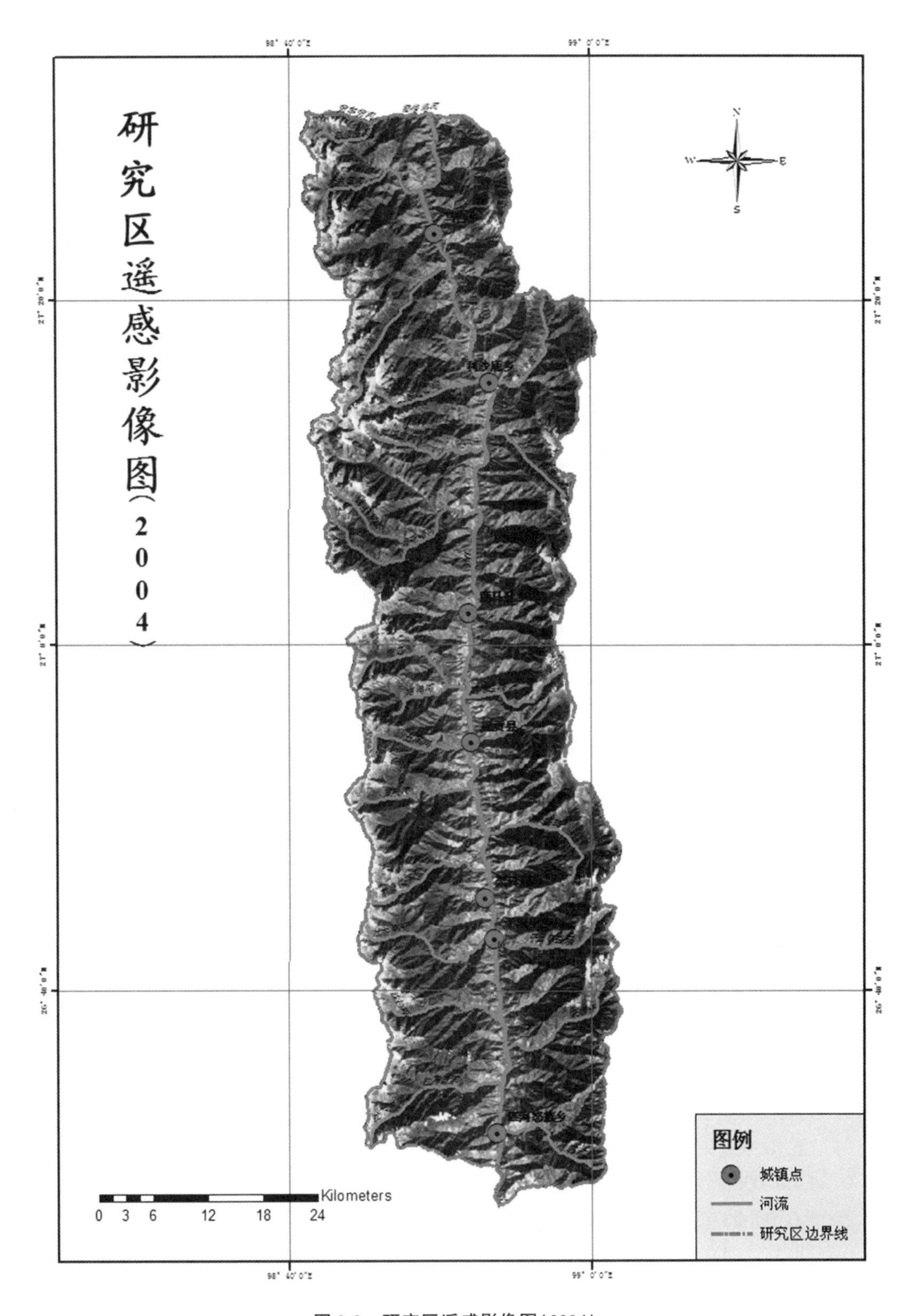

图 3-3 研究区遥感影像图(2004)

②配准。配准的目的是使影像数据具有实际的地理含义，将真实的地理坐标赋予该影像数据，使数字化出来的矢量图具有预定的坐标系统。本项研究的配准误差控制在 10m 以内。

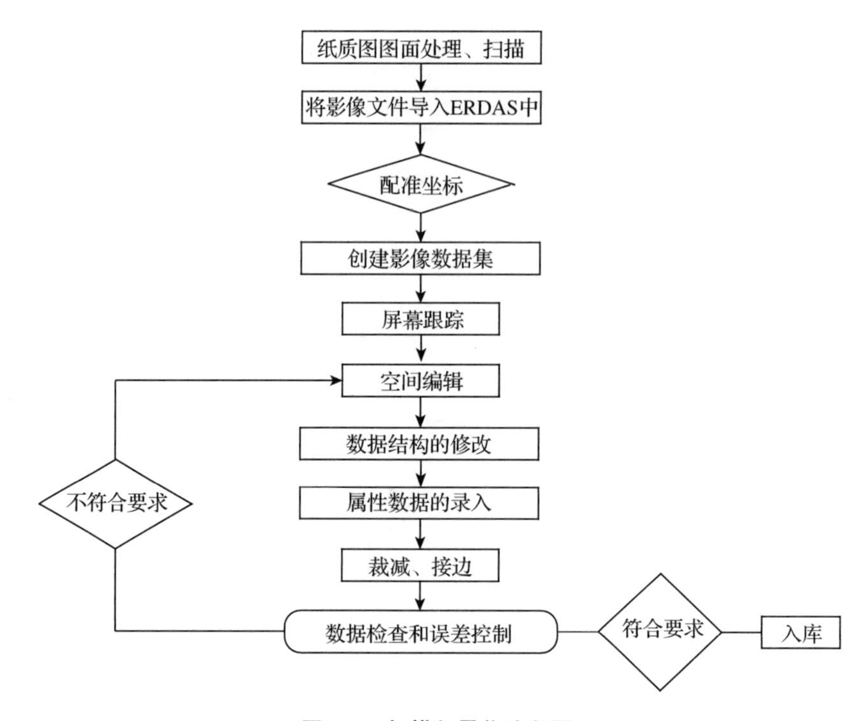

图 3-4 扫描矢量化流程图

资料来源：白杨．怒江流域中段典型地区(福贡县)植被景观格局动态研究[D]．昆明：云南大学，2007：23。

本项研究采用 1∶5 万地形图，采用的投影参数如下：

Projection TRANSVERSE

Zunits NO

Units METERS

Spheroid KRASOVSKY

Xshift 0. 0000000000

Yshift 0. 0000000000

Parameters

1. 00000 / * scale factor at central meridian

99 0 0. 000 / * longitude of central meridian

0 0 0. 000 / * latitude of

500000. 00000 / * false easting (meters)

0. 00000 / * false northing (meters)

③图形跟踪采集。图形的跟踪分为自动跟踪和手工跟踪两种。其中又可分为点、线、面三种图形要素。跟踪采集的图形数据根据(不同的)采集标准，归类后放在不同的图层上。因此，在进行图形跟踪之前，需要新建不同类型的图层集，并打开叠置于影像数据集

之上并进行跟踪，跟踪得到的图形数据，还需要进行编辑，例如弧段之间的连接。本项研究的数字化在 Arcview3.3 和 ARCGIS9.0 下完成，数字化的精度控制在 5m 之内。

④属性数据的采集。图形采集完成后，需要添加对应的属性数据。添加属性数据之前，需要先修改属性表结构，添加不同类型的属性字段，再关联几何对象，逐一添加相应的属性数据。本项研究的属性数据精度要求达到 98% 以上。

⑤图形拼接。把被相邻图幅分割开的同一图形要素拼接成一个完整的图形(同时拼接属性数据)。

⑥对采集的数据进行后期处理和检查。这是进行质量控制的重要环节。实际上，在矢量化的其他步骤中，也要进行质量控制。

(2) DEM 的处理[66]

①将所购买的单幅 DEM 数据在 EADAS Imagine 下用 Mosic 模块拼接成一整幅。拼接之后对其进行重投影操作，将其转到目标投影坐标系统下。

②直接利用拼接后的 DEM 在 ARCGIS9.0 软件下用 Latticcepoly 命令结合相关参数生成等高线、坡度、坡向和等高面等图层，为之后的地形分析做好准备工作。

(3) 研究区流域界的划定[66]

将 DEM 数据在 Arcview3.3 下的 3D Analysis(3D 分析) 模块下生成地形的 3D 视图，叠加校正的地形图、数字化的水系图层、高程点等图层，根据流域界的定义划定研究区的流域界。

3.2.3 遥感判读

(1) 遥感卫星影像数据深加工处理

对遥感卫星影像数据深加工处理和解译是整个研究工作的重中之重，影像的几何校正和解译精度，即地理位置和土地利用类型的正确与否，直接影响到研究数据的真实性，这一步的工作在整个研究中给予了足够的重视。处理流程如图 3-5 所示：

①几何精校正

几何精校正是指利用地面控制点使遥感图像的几何位置符合某种地理系统，与地图配准。也就是在遥感图像的像元与地面实际位置之间建立数学关系，将畸变图像空间中的全部像元转换到校正图像空间去。具体步骤此处从略。

②图像镶嵌

当研究区超出单幅遥感图像所覆盖的范围时，通常需要将两幅或多幅图像拼接起来形成一幅或一系列覆盖全区的较大图像，这个过程就是图像镶嵌。进行图像镶嵌时，首先要指定一幅参照图像，作为镶嵌过程中对比度匹配以及镶嵌后输出图像的地理投影、像元大小、数据类型的基准；在重复覆盖区，各图像之间应有较高的配准精度，必要时要在图像之间利用控制点进行配准；尽管其像元大小可以不一样，但应包含与参照图同样数量的层数。数字图像镶嵌在理论和方法上与几何校正类似。

为便于图像镶嵌，一般均要保证相邻图幅间有一定的重复覆盖区，最好不少于图像的 1/5。由于其获取时间的差异，太阳光强及大气状态的变化，或者遥感器本身的不稳定，致使其在不同图像上的对比度及亮度值会有差异，因而有必要对各镶嵌图像之间在全幅或重复覆盖区上进行匹配，以便均衡化镶嵌后输出图像的亮度值和对比度。最常用的图像匹

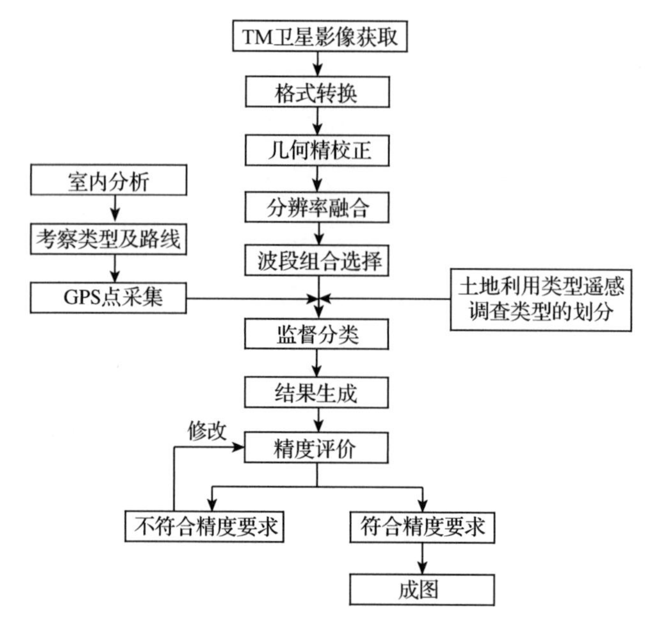

图 3-5 遥感卫星影像数据处理流程图

资料来源：白杨．怒江流域中段典型地区(福贡县)植被景观格局动态研究[D]．昆明：云南大学，2007：26.

配方法有直方图匹配和彩色亮度匹配。

③遥感图像增强处理

在图像处理过程中为了突出所需要的局部信息和特征，压抑其他不需要和无用的信息，以便达到有利于人眼的识别和观察，或有利于计算机分类的目的，而对图像像元灰度值进行某种变换的处理，处理后图像中的信息有的被突出了，也有的被抑制了，这即为图像增强。图像增强的特点是处理后的图像并不一定忠实于原来的图像，但是达到了有利于辨认和识别的效果。

遥感图像的彩色处理主要有假彩色密度分割、彩色增强和多波段假彩色合成等。本项研究采用了假彩色合成方法：

假彩色合成：各个波段所含的信息是有一定的不同的，如果把地物在不同波段上的信息差异综合反映出来，那么图像上的地物信息差别就显著扩大了，也就是说提高了识别的效果。

其具体的方法是选定某一图像的其中 3 个波段，例如 TM 的 5、4、3 波段，并分别赋予红、绿、蓝 3 个颜色，建立每个波段的灰度与彩色的变换关系，再将变换结果合成得到假彩色合成图像。

(2) 卫星遥感图像的解译

遥感图像解译相关原理：

①遥感图像分类方法

数字图像的恢复、增强乃至融合处理，归根到底只是改善图像的品质，提高图像的可解译性，但并未对图像上地物的类别做出解译。图像分类处理的实质就是按概率统计规律，选择适当的判别函数，建立合理的判别模型把图像中离散的集群分离开来，并做出判决和归类。通常遥感图像分类主要有两类方法，一类是非监督分类（Unsupervised Classification），另一类是监督分类（Supervised Classifica-tion）。此项研究采用监督分类法。

②遥感图像解译标志建立的依据

遥感图像解译标志又称“图像解译要素”，是指那些能帮助辨认某一目标物及其性质的影像特征。建立解译标志，引用它作为辨认各种地质地理现象或揭示各种自然现象规律的程度以及是否在运用中不断检验、补充、完善这些标志，是解译效果好坏的症结所在，解译标志类型名称可归纳如下：形状、大小、色调与色彩、阴影、纹理、图案、纹型结构、位置、布局、相关体、空间关系、排列、组合、地貌、水系、植物、水文、土壤、环境地质及人工标志、人文现象、人类活动痕迹、比例等。

③遥感图像的解译方法

解译方法有 a 直接解译法、b 对比分析法、c 信息复合法、d 逻辑推理法、e 地理相关分析法。本项研究采用综合应用直接解译法和地理相关分析法来进行遥感图像的解译。

(3)景观类型判读[67-68]

①训练样本的选取

本项研究的监督分类在 EARDAS Imagine 软件环境下进行，根据“判读标志建立”一节中确立的判读标志在影像上选择 3~4 个训练样本区，选完后用 Merge Select Signatures 工具将所选择的训练样本进行合并以生成一个均一的训练样本，并赋予相应的分类编码。研究区包含的所有景观类型每一种都按此过程依次生成训练样本。对于同物异谱的类型，可以建立多个训练样本。

②执行监督分类

启动相应模块，输入所需参数后执行监督分类。然后将分类结果对照原始遥感影像图进行对比，如果分类结果与遥感影像特征不吻合则返回上一步，直到吻合为止。

③栅格矢量化

分类的结果为栅格格式，需要将其转化为矢量后方能进行人工修改，这一过程在 EADAS Imagine 下 Vector 模块中的 Raster To Vector 功能完成。

④人工修改

由于遥感影像不可避免地会存在阴影，对于阴影的分类只能通过人工修改来完成，这时需要通过相关分析、逻辑分析等方法来对阴影进行处理。同时由于监督分类采用法则是最大似然法，并且存在异物同谱现象，例如，水田和阔叶林的颜色十分相似，导致在水田里夹杂阔叶林，在阔叶林里夹杂水田的现象，因此需要在 ArcView3.3 软件环境下，把分类结果分类，分别提取为一个图层，以影像栅格文件作为判读背景(底层)，通过人机交互方式，对每个类型根据影像的色调、形状、位置、大小、纹理及其他间接判读标志对错误的分类斑块赋予正确的属性。

(4)分类结果的最终处理

手工修改完各个图层之后需要把它们合并为 1 个图层。建立拓扑关系后进行去除最小斑块，边界融合等处理。

3.2.4 野外考察

野外调查时间为 2005 年 6 月和 2006 年 8 月。调查过程中携带遥感影像图、地形图对研究区域进行全面调查。利用 GPS 定位，拍照、记录确定的景观类型，并与卫星影像图比较分析。每种景观类型最少有 3 个考察点。

(1)外业调查验证

实施外业以前，针对不同区域的季节、景观类型特点等，预先应制定比较详尽的考察与验证计划，在调查路线布局、长度、验证景观类型等方面，提出希望获得的结果内容。

调查路线沿着公路走。为掌握比较全面的情况，在调查区内尽可能平均分布调查路线。连片林区和耕地，由于景观类型相对单一，可适当放宽调查点间的距离。

在开展景观类型验证的同时，利用 GPS 方法定点调查，对山地地区，特别是林地、灌木、草地、耕地等景观类型交错地区，以及城镇周边地区和新的开垦地给予足够重视。

外业期间的 GPS 定点调查在调查路途中选择通视条件较好，景观类型比较典型的地点停车，并将 GPS 确定的训练样本区位置及其编号标于地形图或土地利用图上。同时，每一个验证点拍摄不少于 2 个方向的景观实况照片，并标明摄影方向角和注记必要的内容。

(2)判读标志的建立

判读标志的建立对于提高分析结果的可靠性、客观性，以保证不同专业人员对于遥感影像分析结果的准确性和一致性等，均具有特别重要的意义。

在外业调查的基础上，将遥感影像上的不同地物与这些地物的实际情况相比较来建立判读标志。主要在于发现不同地物的影像特征差异和归纳同类地物的影像特征一致性。

通过外业考察与综合分析，按照不同景观类型所处的不同地貌部位、生长的植被景观类型季节特征、利用方式的差异等方面进行归纳，分区域建立了判读标志。

(3)景观照片库建设及对于判读标志的补充

外业调查期间已经利用 GPS 获得各个照片的准确地理位置，记录了类型、所处环境、方位角等相关内容。以 GPS 定位数据获取的各点坐标形成准确的路线图(图 3-6)，各个点位附以景观照片，可以进行查询，在本项工作中，已作为室内遥感判读分析的参考依据。

3.2.5 景观类型划分

在进行卫星影像解译获得景观类型分布现状图之前，必需建立用于影像解译的上图单元，即景观类型分类单元。经过野外考察，结合本研究需要以及遥感影像的分辨率情况，把研究区的景观类型划分为 13 个类型[67-68]，包括：灌草丛、农地、水域、滩涂、城镇、季风常绿阔叶林、半湿润常绿阔叶林、中山湿性常绿阔叶林、针阔混交林、温凉性针叶林、寒温性针叶林、竹林、暖温性针叶林(表 3-2)。

3.2.6 景观格局分析方法

景观空间格局分析方法是指研究景观结构组成特征和空间配置关系的分析。景观格局变化的定量分析可以从景观指数的变化上反映出来。在景观空间分析方面，近年来已提出不少指标，根据统计学和本研究的要求，从斑块的优势度、多样性和连通性等角度考虑，选取斑块数(NP)、斑块形状指数(SI)、斑块密度指数(PD)、破碎度(FI)、结合度(CI)、优势度(DI)和香农多样性(SHDI)等指数对土地利用变化的格局进行分析。

各指数的生态学意义摘其要者阐明如下[69]：

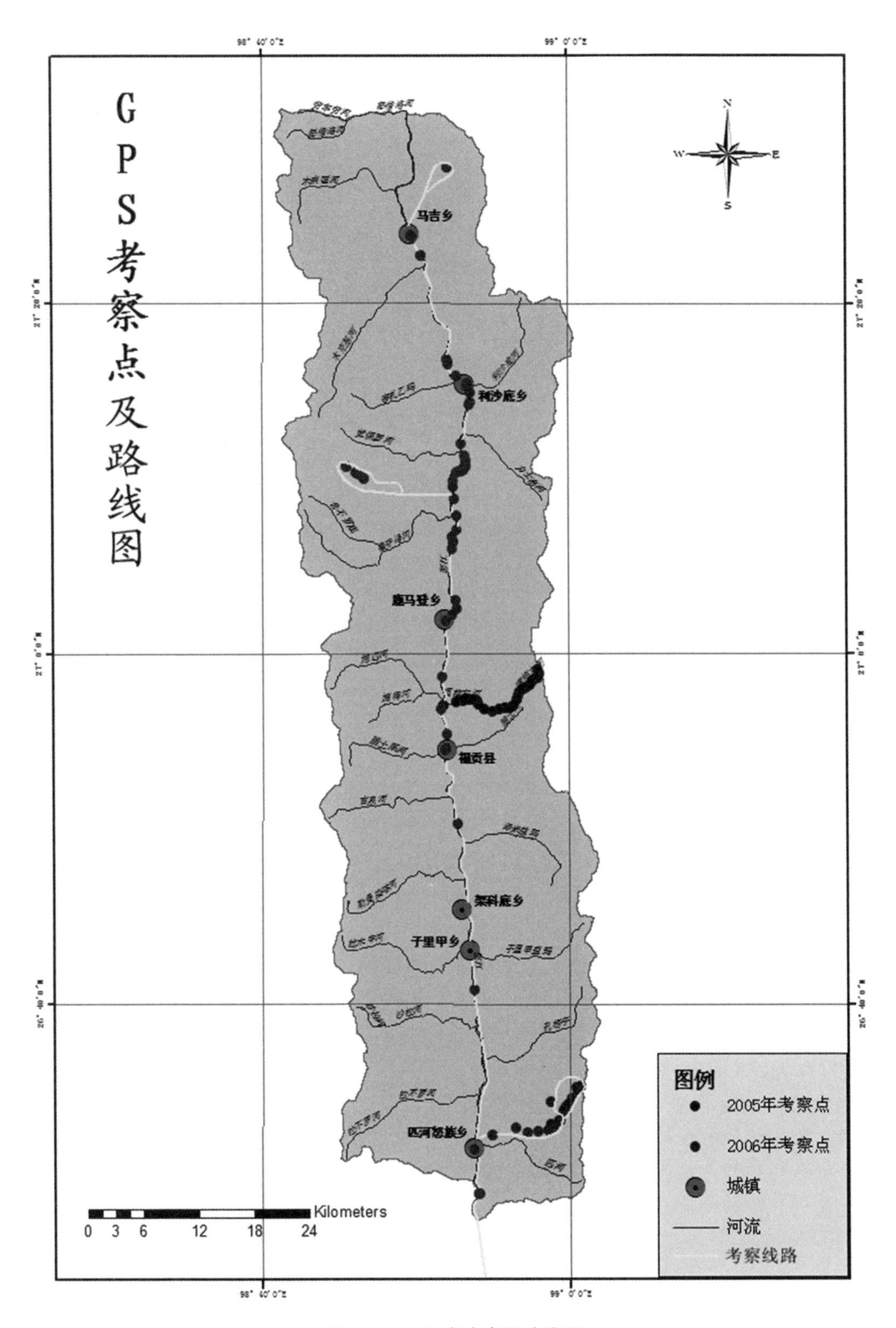

图 3-6 GPS 考察点及路线图

表 3-2 研究区景观类型上图单元

景观类型	说　明
灌草丛	以生长草本植物为主的各类草地为优势，包括郁闭度大于 40%，高度在 2 米以下的灌木草丛；树木郁闭度小于 10%。
农地	包括水田和旱地
水域	包括天然形成的积水区和常年水位以下的土地
滩涂	包括河流湖泊常水位至洪水位间的滩地
城镇	包括城市及镇、乡以上的建成区用地
季风常绿阔叶林	以小果栲(Castanopsis fleuryi Hick et A. Camus)和截头石栎林(Lithocarpus truncates)为优势。
半湿润常绿阔叶林	以高山栲(Castanopsis delavayi (Franch.) Schott.)为优势。
中山湿性常绿阔叶林	以云南松林、乔松(Pinus bhutanica Grierson, Long et Page)—云南松林、石栎(Lithocarpus spp)——光叶珙桐(Davidia involucrate var. vilmoriniana)林、青冈(Cyclobalanopsis glauca (Thunb.) Oerst.)——木莲(Manglietia spp)林、青冈——木荷(Schima spp)林为优势。
针阔混交林	以铁杉(Tsuga spp)与常绿阔叶混交林和铁杉与落叶阔叶混交林为优势。
温凉性针叶林	以喜马拉雅铁杉(Tsuga dumosa (D. Don) Eichler)林、垂枝柏(Sabina recurva (Buch.-Hamilt.) Ant.)林、高山栎(Quercus forrestii)林等为优势。
寒温性针叶林	以冷杉(Abies spp)林带，包括怒江红杉(Larix speciosa Cheng et Law)—冷杉林、箭竹(Fargesia spp)—冷杉林、怒江红杉林等为优势。
竹林	以箭竹(Fargesia spp)林为优势。
暖温性针叶林	以云南松(Pinus yunnanensis Franch.)林为优势。

(1)斑块形状指数(SI)

斑块形状指数是指实际斑块周长与相同面积圆形斑块周长之比的面积加权平均值。指数越接近 1，说明该斑块的形状越接近圆形，指数数值越大，说明斑块形状越复杂。斑块形状指数计算公式为：

$$SI_i = \frac{1}{2A_i\sqrt{\pi}}\sum_{j=1}^{N_i} P_{ij}\sqrt{A_{ij}}$$

式中，SI_i第 i 类景观要素斑块的形状指数；A_i是第 i 类景观要素的斑块总面积(下同)；P_{ij}是第 i 类的景观要素第 j 个斑块的周长(下同)。斑块形状指数的取值一般都大于或等于 1。斑块形状指数越接近于 1，说明该类景观要素斑块的形状越接于圆形，数值越大说明该类斑块的形状越复杂，偏离圆形越远。

(2)斑块密度指数(PD)

斑块密度包括景观斑块密度和景观要素斑块密度。景观斑块密度是指景观中所有异质性景观要素中斑块的单位面积斑块数；景观要素斑块面积则是指景观要素中某类景观要素的单位面积斑块数。斑块密度反映了景观的破碎化程度与景观空间异质性程度。斑块密度越大，破碎化程度越大，空间异质性程度也愈大，反之亦然。

$$PD = \frac{1}{A}\sum_{i=i}^{m} N_i$$

式中，PD 为景观斑块密度；m 为景观要素类型总数；A 为研究地区景观总面积。

(3)破碎度(FI)

描述整个景观或某一景观类型在给定时间和给定性质上的破碎化程度。它能反映人类活动对景观的干扰程度。其值越大，表明景观越破碎。

$$FI = n_i / M$$

式中，n_i为 i 类景观类型的斑块个数，M 代表 i 类景观类型的总面积。

(4)结合度指数(CI)

测量的是某类型的物理连通性，在过滤阈值下，斑块内聚性指数表明该类型的结合度敏感程度。当该类型的斑块分布的结合度增加时，斑块聚合度指数增加。

(5)景观要素优势度指数(DI)

在群落生态学中，优势度用来反映种群在群落组成结构中的地位和作用，借用优势度指数的原理构造景观优势度指标，也可以用来测度景观受一种或少数几种景观要素控制的程度[69-70]。景观中某一类型景观要素的优势度越高，则景观受该类型景观要素控制的程度越高；相反，如果不存在明显占优势的景观要素，表明景观具有较高的异质性。

在本研究中，考虑到某类景观要素的相对密度、相对频度和相对盖度对其优势度的影响，采用如下公式来计算景观要素优势度：

景观中某一类型景观要素的优势度越高，则景观受该类型景观要素控制的程度越高；相反，如果不存在明显占优势的景观要素，表明景观具有较高的异质性。其计算公式为：

$$DI_i = \frac{1}{4}DP_i + \frac{1}{4}DF_i + \frac{1}{2}DC_i$$

式中，DP_i是第 i 类景观要素的相对密度，即第 i 类景观要素斑块数占景观总斑块数的百分比；DF_i是第 i 类景观的相对频度，即景观网格样点中第 i 类景观要素斑块出现的样点数占总样点数的百分比；DC_i为第 i 类景观要素的相对盖度，即景观中该类景观要素总面积占景观总面积的百分比，或景观网格取样时，某类景观要素的取样面积占总取样面积的百分比[71]。

(6)香农景观多样性指数(SHDI)

景观多样性是借用生物多样性提出的用来描述和评价景观异质性水平的一个概念，有多种不同的测度指标。同生物多样性指数的测度一样，确定研究对象的分类单位和空间分辨率大小，对测度结果有显著影响。因此，对研究结果的分析比较，应当放在相同的背景和尺度上进行。本研究采用 Shannon 指数和相应的均匀度指数。

$$SHDI = -\sum_{i=1}^{M} AP_i \log_2 AP_i \qquad 其中: AP_i = \sum_{j=1}^{N_i} A_{ij}/A$$

式中，$SHDI$ 是景观多样性指数，AP_i是第 i 类景观要素面积占景观总面积的比例，M 指景观要素类型个数。各类景观要素面积相等时的景观多样性指数最大，用 $SHDI_{max}$表示：

$$SHDI_{max} = -\log_2(1/M)$$

(7)景观均匀度指数(SHEI)

景观均匀度指数(SHEI)就是实际多样性和最大多样性之比，是景观多样性的相对值。其计算公式为：

$$SHEI = SHDI / SHDI_{max}$$

景观多样性可以定量地描述为景观中景观要素斑块的不确定性，可以反映景观异质性和景观中不同景观类型分布的均匀化和复杂程度。由其计算公式可见，影响景观多样性指数大小的因素一是景观中景观要素类型的数量，这决定研究对象的生态学尺度和空间分辨率；二是各景观要素类型间的面积分配关系。式中景观的最大多样性指数仅由景观要素类型的数量决定，而对于由一定景观要素类型组成的景观而言，其多样性的大小取决于各景观要素类型之间面积分配的均匀程度。各景观要素类型之间面积分配越均匀，其多样性指数就越高，而与这些要素的空间分布格局无关。这也正是景观多样性指数在景观空间格局分析中应用的局限性所在[72]。

3.3 结果分析

3.3.1 景观类型组成

利用 GIS 建立数字化研究区景观类型图(图 3-7)。对景观类型图的直观分析可以看出，整个研究地区属高山峡谷流域，研究区的景观格局在地形地貌和人为干扰共同作用下形成。整个研究区以灌草丛、寒温性针叶林和针阔混交林等自然景观为主体，农地、竹林和城镇等人工景观占有一定比例，镶嵌于其中分布；河流、道路随复杂的地形极不规则地贯穿于整个景观中。总体来看，整个研究区景观的空间分布格局大致如下：

(1)农地

研究区景观类型中的农地大都集中在河流、道路的两侧，伴随河流与道路在景观中的延伸，在景观中呈星点带状分布。主河道的两岸，除离村庄较远或难以开垦利用的少数地带外，大部分为据点式与围栏式的村庄和农地，直至坡底或山麓。

(2)灌草丛

灌草丛在景观中占有相当优势的地位。在河谷低海拔地带，灌草丛分别在不同坡度和立地上，尤其在村庄、农地附近及迹地与沟谷地带，呈大面积连片分布；中高海拔地带则呈斑块状分布。

(3)水域及滩涂

水域主要是纵贯南北的怒江和两侧呈“非”字型分布的支流，以及碧罗雪山和高黎贡山山顶的众多湖泊；滩涂主要沿怒江河谷零星分布。

(4)城镇

城镇主要是现在的福贡县城和现已属于匹河乡一个村公所的原碧江老县城以及沿河谷分布的马吉乡、石月亮乡、鹿马凳乡、子里甲乡和匹河乡等五个乡，多位于怒江两岸，特别是碧罗雪山一侧，呈相对集中的斑块状分布，而其余村落则零星镶嵌在怒江及其支流相对平坦的河流阶地之上。

(5)暖温性针叶林

以云南松(*Pinus yunnanensis* Franch)为主，在整个流域中均有分布，但分布面积不大，且比较零星，呈斑块状分布。

(6)季风常绿阔叶林

海拔 1300m 以下为季风常绿阔叶林带，人为活动破坏严重，基本已没有原始林分，大部分被开垦为耕地或退化为灌丛，现存基本为次生林，面积极少，仅分布在碧福大桥附近。

(7)半湿润常绿阔叶林

海拔 1300~1900m 为半湿润常绿阔叶林带，该地带原始林大部分也被人为活动破坏，

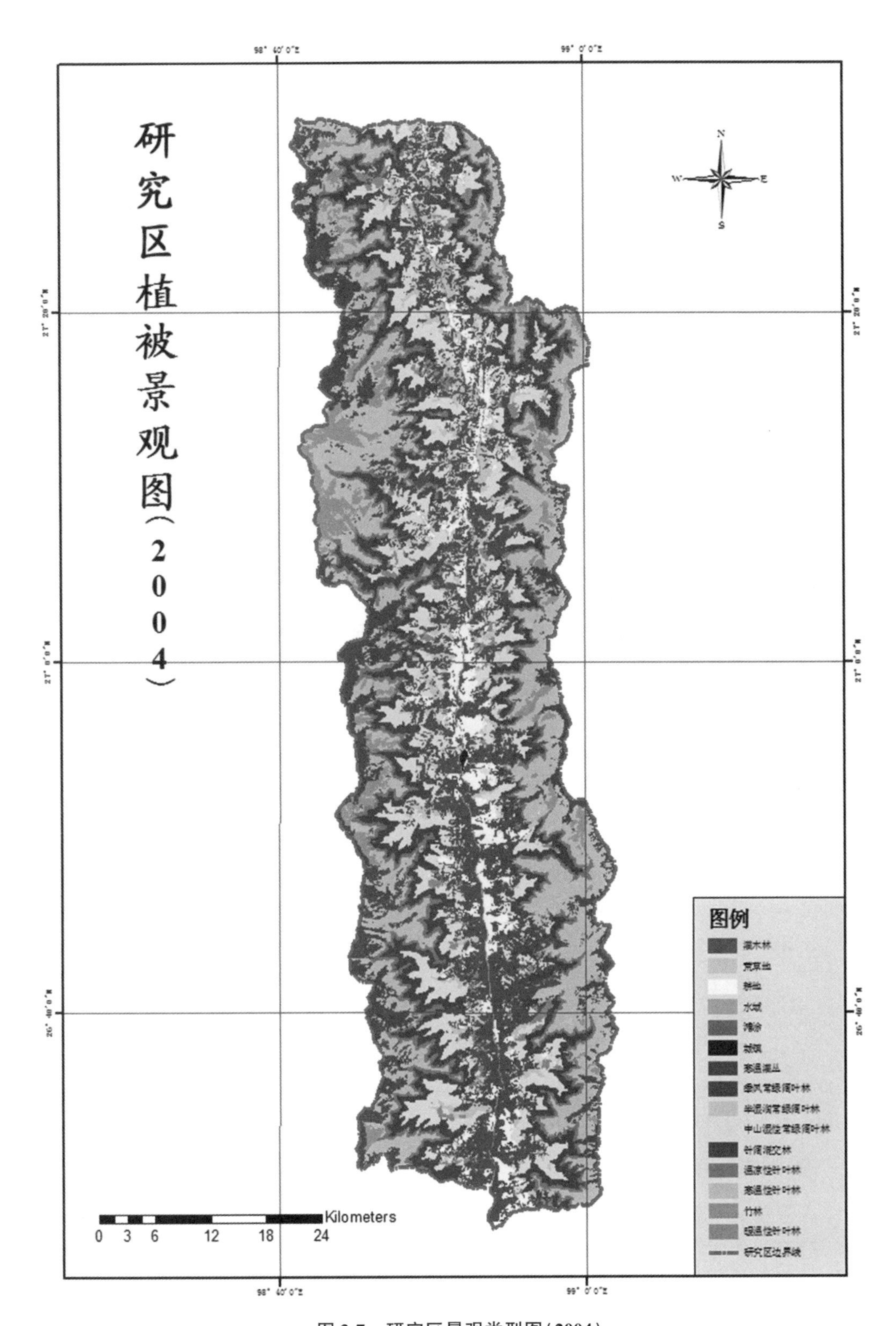

图 3-7 研究区景观类型图(2004)

只在沟谷和陡崖仍有少量存在。现有森林多以高山栲[*Castanopsis delavayi*（Franch.）Schott.]为主，同时还有旱东瓜(*Alnus nepalensis* D. Don)次生林和云南松(*Pinus yunnanensis* Franch.)林，在整个研究区分布面积也比较少，呈长条状分布。

(8)中山湿性常绿阔叶林

海拔1900~2500m为湿性常绿阔叶林带，该垂直带森林类型最多，是重点保护的林带。其主要类型为云南松林、乔松(*Pinus bhutanica* Grierson, Long et Page)—云南松林、石栎(*Lithocarpus* spp.)—光叶珙桐(*Davidia involucrate* var. *vilmoriniana*)林、青冈[*Cyclobalanopsis glauca*（Thunb.）Oerst. a]—木莲(*Manglietia* spp.)林、青冈—木荷(*Schima* spp.)林等，该类型分布面积较多，整体呈长条状。

(9)针阔混交林

海拔2500~2900m为针阔混交林，其主要森林类型为铁杉(*Tsuga* spp.)与常绿阔叶混交林和铁杉与落叶阔叶混交林，分布范围广，呈长条状分布。

(10)温凉性针叶林

海拔2900~3100m为温凉性针叶林，其主要森林类型为喜马拉雅铁杉[*Tsuga dumosa*（D. Don）Eichler]林、垂枝柏[*Sabina recurva*（Buch. -Hamilt.）Ant.)林、高山栎(*Quercus forrestii*)林等，其分布面积稍少，依然呈长条状分布。

(11)寒温性针叶林

海拔3100~3700m为寒温性针叶林，其主要森林类型为怒江红杉(*Larix speciosa* Cheng et Law)—冷杉(*Abies* spp.)林、箭竹(*Fargesia* spp.)—冷杉林、怒江红杉林等，该类型占有比重比较大，也呈长条状分布。

(12)竹林

特殊的地理环境对本区竹类植物区系的发生和发展带来了深刻的影响，形成了多类型并存，种类丰富，种群分化强烈，垂直分布变化明显等特点。区内共有13个种，多分布在海拔2000~4000m的山地，多数种类能在山体上部形成大面积的天然纯林。

总体来看，整个研究区共分为农地、灌草丛、水域及滩涂、城镇、暖温性针叶林、季风常绿阔叶林等13种景观类型。其中，中山湿性常绿阔叶林、针阔混交林、温凉性针叶林、寒温性针叶林和竹林等自然植被类型斑块在整个研究区占一定优势地位，且沿海拔垂直分布明显，海拔较高的地段，自然植被保存比较完整；而低海拔地段由于人为活动频繁，干扰强烈，季风常绿阔叶林、半湿润常绿阔叶林等自然植被类型斑块分布面积较少，原始林分破坏严重，已开垦为耕地和退化为灌丛，现存基本为次生林。灌草丛多分布在干扰强烈或立地贫乏的地带，占相对优势地位。水域以怒江为主干呈“非”字型展开，而研究区中的城乡居民点和农地则伴随着河流和道路的延伸，杈脉状分布于整个研究区中。

3.3.2 景观类型的空间分布

(1)各景观类型在不同坡度上的分布情况(表3-3)

从表3-2可以看出，在坡度界于0°~8°之间，分布面积最多的是灌草丛，其面积有62.36km^2；其次是寒温性针叶林，有30.93km^2；最少的是季风常绿阔叶林(仅有0.24km^2)和城镇(0.93km^2)。

表 3-3　2004 年各景观类型在不同坡度上的分布　单位：km^2

	0~8°	8°~15°	15°~25°	25°~35°	>35°	合计
灌草丛	62.36	5.92	90.74	271.58	386.01	816.61
农地	14.41	3.65	26.79	43.14	32.17	120.16
水域	15.65	<0.01	0.00	0.00	<0.01	15.65
滩涂	2.95	<0.01	<0.01	<0.01	<0.01	2.95
城镇	0.93	0.02	0.01	0.01	0.00	0.97
季风常绿阔叶林	0.24	0.00	0.06	0.13	0.28	0.71
半湿润常绿阔叶林	10.11	0.61	6.61	25.14	47.49	89.96
中山湿性常绿阔叶林	18.59	0.79	32.90	130.45	191.67	374.40
针阔混交林	16.57	1.22	37.43	155.43	199.92	410.57
温凉性针叶林	10.34	0.90	21.07	87.43	92.06	211.80
寒温性针叶林	30.93	3.72	72.33	229.92	200.76	537.66
竹林	10.66	1.72	16.98	39.25	33.86	102.47
暖温性针叶林	3.42	0.16	4.07	15.54	24.07	47.26
合计	193.78	19.01	309.74	999.06	1209.93	2756.44

在8°~15°之间，最多的是灌草丛，其次分别是寒温性针叶林、农地和寒温灌丛等。在15°~25°之间，最多的是灌草丛，其次分别是寒温性针叶林、针阔混交林、中山湿性常绿阔叶林和寒温灌丛等。

在25°~35°之间，最多的是灌草丛，其次分别是寒温性针叶林、针阔混交林、中山湿性常绿阔叶林和温凉性针叶林等。

在大于35°的区域，分布最多的依然是灌草丛，其次分别是寒温性针叶林、针阔混交林和中山湿性常绿阔叶林等。

(2)各景观类型在不同坡向上的分布情况

从下页表3-4可以看出，各景观类型在不同坡向上的分布情况是：

平地上面积最多的是灌草丛，其面积有30.51km^2；其次是寒温性针叶林，有12.94km^2；最少的是季风常绿阔叶林(仅有0.15km^2)和城镇(0.97km^2)。

北坡分布最多的是灌草丛、寒温性针叶林，其次分别是针阔混交林、中山湿性常绿阔叶林和温凉性针叶林等。

在东北坡，分布最多的是灌草丛、寒温性针叶林，其次分别是中山湿性常绿阔叶林、针阔混交林和温凉性针叶林等。

在东坡，分布最多的是灌草丛，其次分别是针阔混交林、中山湿性常绿阔叶林、寒温性针叶林和温凉性针叶林等。

在东南坡，分布最多的是灌草丛，其次分别是针阔混交林、寒温性针叶林和中山湿性常绿阔叶林等。

在南坡，分布最多的是灌草丛，其次分别是针阔混交林、寒温性针叶林和中山湿性常绿阔叶林等。

在西南坡，分布最多的是灌草丛，其次分别是寒温性针叶林、中山湿性常绿阔叶林和针阔混交林等。

在西坡，分布最多的是寒温性针叶林，其次分别是灌草丛、中山湿性常绿阔叶林、针阔混交林和温凉性针叶林等。

在西北坡，分布最多的是寒温性针叶林，其次分别是灌草丛、针阔混交林、中山湿性常绿阔叶林和温凉性针叶林等。

表 3-4　2004 年各景观类型在不同坡向上的分布　　单位：km^2

	平地	北坡	东北坡	东坡	东南坡	南坡	西南坡	西坡	西北坡	合计
灌草丛	30. 51	82. 51	62. 86	91. 71	129. 63	152. 23	93. 10	79. 34	94. 52	816. 61
农地	8. 16	2. 52	6. 46	15. 24	14. 82	15. 61	23. 23	26. 32	7. 81	120. 16
水域	15. 65	0. 00	<0. 01	0. 00	0. 00	0. 00	0. 00	0. 00	<0. 01	15. 65
滩涂	2. 94	0. 00	0. 00	<0. 01	0. 00	0. 00	0. 00	0. 01	<0. 01	2. 95
城镇	0. 97	0. 00	0. 00	0. 00	0. 00	<0. 01	<0. 01	<0. 01	0. 00	0. 97
季风常绿阔叶林	0. 15	0. 10	0. 09	0. 13	0. 09	0. 14	0. 01	0. 00	0. 00	0. 71
半湿润常绿阔叶林	4. 65	14. 30	15. 20	11. 62	4. 90	4. 59	10. 30	12. 34	12. 05	89. 96
中山湿性常绿阔叶林	6. 36	60. 24	54. 00	42. 10	36. 23	38. 98	41. 37	41. 51	53. 60	374. 40
针阔混交林	5. 58	65. 48	49. 45	43. 32	52. 47	53. 16	39. 76	40. 18	61. 16	410. 57
温凉性针叶林	4. 14	32. 46	25. 46	21. 53	27. 44	25. 31	21. 15	23. 31	31. 00	211. 80
寒温性针叶林	12. 94	81. 98	61. 41	40. 10	43. 99	45. 75	56. 18	93. 15	102. 14	537. 66
竹林	4. 76	5. 65	13. 97	19. 70	17. 62	16. 40	13. 53	5. 63	5. 17	102. 47
暖温性针叶林	1. 44	8. 09	7. 33	5. 09	4. 35	4. 45	4. 32	5. 53	6. 66	47. 26
合计	92. 70	354. 02	297. 28	291. 47	331. 87	357. 04	303. 32	328. 17	374. 89	2756. 44

3. 3. 3　现状景观格局总体特征

(1)类型水平指数分析

①2004 年各景观类型指数计算结果见表 3-5。

表 3-5　2004 年各景观类型的景观指数计算结果(景观类型水平)

	DI	NP	PD	FI	SI	CI
灌草丛	0. 4962	1835	0. 3016	0. 0198	1. 4655	98. 8145
农地	0. 0810	343	0. 0654	0. 0283	1. 3828	96. 4413
水域	0. 0058	33	0. 0063	0. 0211	1. 8589	94. 4666
滩涂	0. 0005	228	0. 0435	0. 7667	1. 5289	67. 5069
城镇	0. 0001	2	0. 0004	0. 0206	1. 2517	93. 7852
季风常绿阔叶林	0. 0001	3	0. 0006	0. 0423	1. 3125	92. 1027
半湿润常绿阔叶林	0. 0869	826	0. 1576	0. 0889	1. 3803	91. 2478

（续）

	DI	NP	PD	FI	SI	CI
灌草丛	0.4962	1835	0.3016	0.0198	1.4655	98.8145
中山湿性常绿阔叶林	0.3178	732	0.1396	0.0187	1.3362	96.8039
针阔混交林	0.3091	217	0.0414	0.0049	1.3509	98.7521
温凉性针叶林	0.2011	251	0.0479	0.0118	1.4037	97.9792
寒温性针叶林	0.4308	388	0.0740	0.0074	1.3731	98.8944
竹林	0.0501	74	0.0141	0.0072	1.3953	97.8709
暖温性针叶林	0.0096	310	0.0591	0.0638	1.3114	92.4126
合计		5242				

注：PD 为斑块密度，Patch density；FI 为破碎度指数，Fragmentation Index；CI 为结合度指数，Patch Connection Index；SHDI 为香农多样性指数，Shannon's Diversity Index；DI 为优势度指数，Dominate Index；NP 为斑块数，Patch Number；SI 为斑块形状指数，Patch Shape Index(下同)。

②斑块数

斑块数最多的是灌丛；其次是半湿润常绿阔叶林和中山湿性常绿阔叶林；斑块数最少的是城镇和季风常绿阔叶林(表 3-5、图 3-8)。

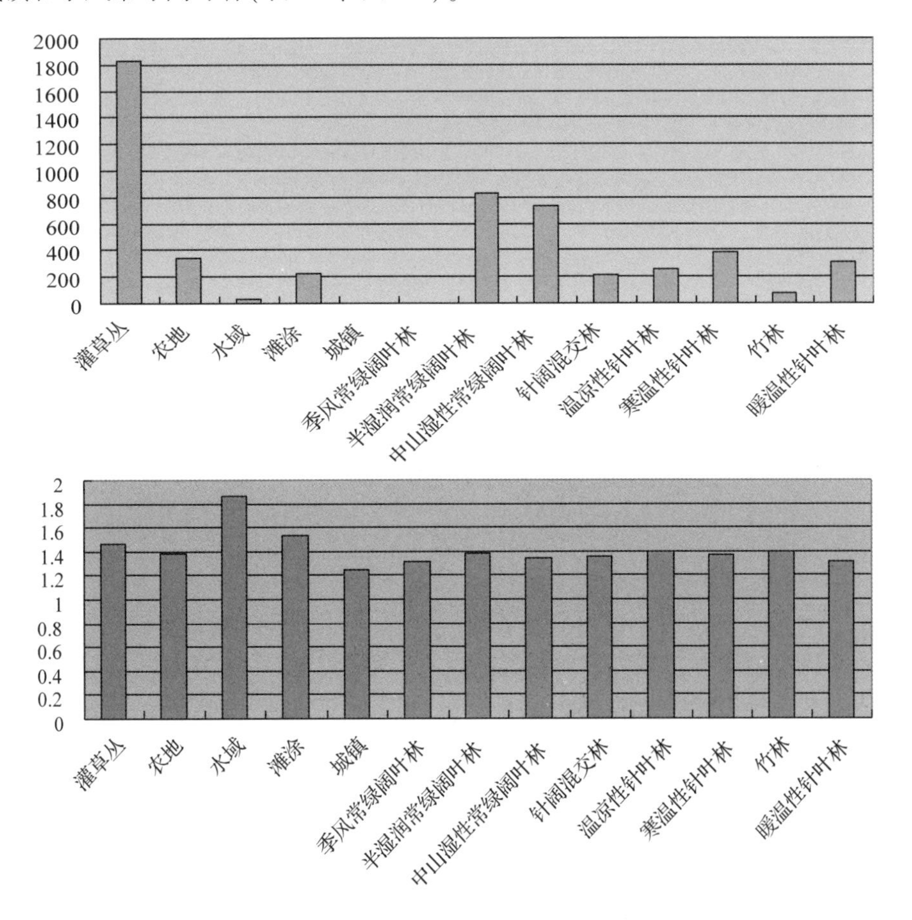

图 3-9　研究区各景观类型斑块形状指数

③斑块形状指数

各景观类型斑块形状指数如图 3-9，该指数最大的是水域，因为研究区中主要的水域是怒江，呈长条状，和圆形或方形比较起来显得极不规整，因此其形状指数最大。该指数最小的是城镇，说明了其受人为干扰是最严重的，斑块形状比较规整。

④结合度指数

如图 3-10 所示，结合度指数最大的是寒温性针叶林，体现了其在整个景观中连通性最好。该指数最小的是滩涂，这是由于其本身面积较小，斑块数多且分布零散。这说明在人类活动强烈的地方，斑块被分割，将导致该景观类型连通性的下降；相反人类活动薄弱的地方，景观斑块在自然演替下连成一片，使得连通性增加。

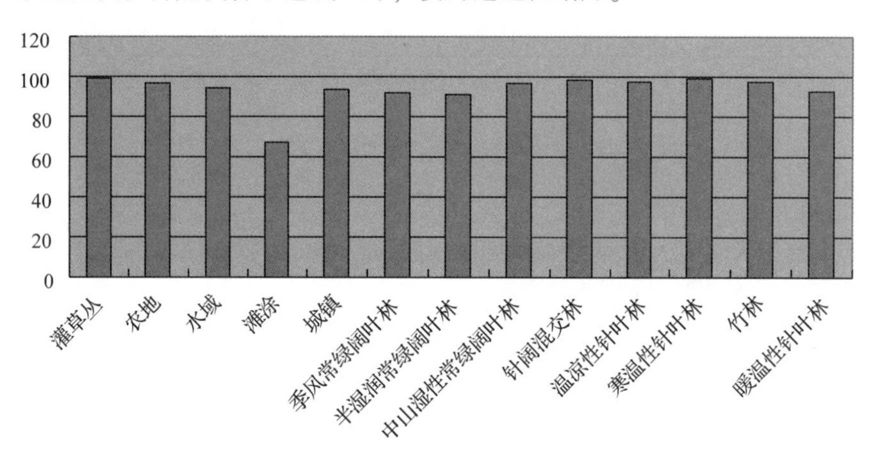

图 3-10　研究区各景观类型结合度指数

⑤斑块密度

如图 3-11 所示，灌草丛的斑块密度最大，这与它的斑块数最多是一致的。其次是半湿润常绿阔叶林和中山湿性常绿阔叶林；斑块密度最小的是城镇和季风常绿阔叶林，这也与其斑块数最少是一致的。

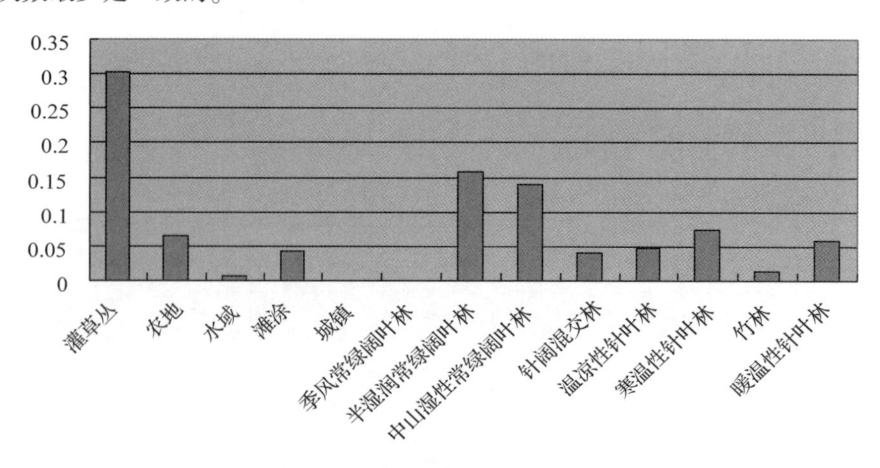

图 3-11　研究区各景观类型斑块密度

⑥破碎度

滩涂的破碎度指数最高，达到了0.7667，其面积较小，但斑块数较多，散布在研究区内，而其他景观类型的破碎度指数较低(图3-12)。

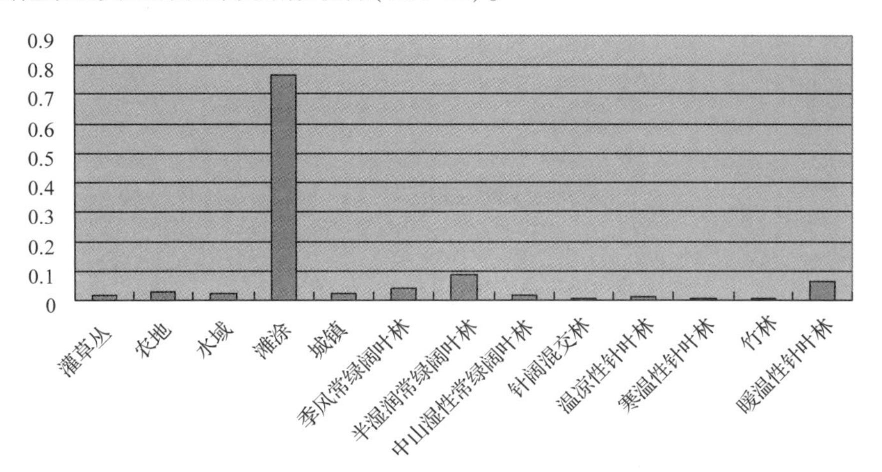

图3-12　研究区各景观类型破碎度

⑦优势度

如图3-13所示占明显优势地位的是灌草丛和寒温性针叶林，体现了其在整个景观结构和功能中的作用。该指数最小的是城镇，因其面积及分布相对于其他景观类型来说过小。虽然其优势度值表现得最小，但其在整个景观结构和功能上的控制作用不能小看。

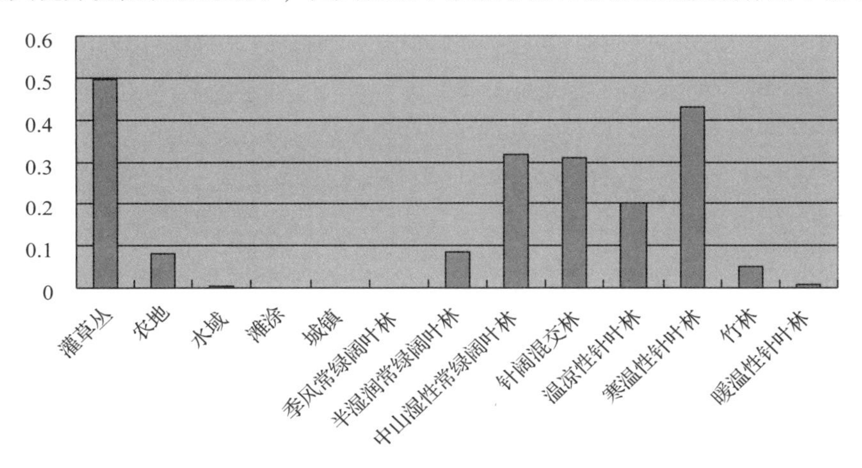

图3-13　研究区各景观类型优势度

(2)景观水平指数分析

从图3-14和表3-6中可以看出，研究区结合度指数较高，说明各个景观类型的内在联系较为紧密，斑块之间的连通性较好。多样性指数较高。优势度一般，在研究区中没有占绝对优势的景观类型。相对应的均匀度指数较高，说明研究区没有受到某种景观类型的支配和控制。景观类型的破碎度小，多样性较好。

以上分析说明虽然人类的活动对该区生态系统造成干扰，但对2500m以上海拔地区的影响不大，因而整个研究区的大部分生态系统未受到特别重大影响。

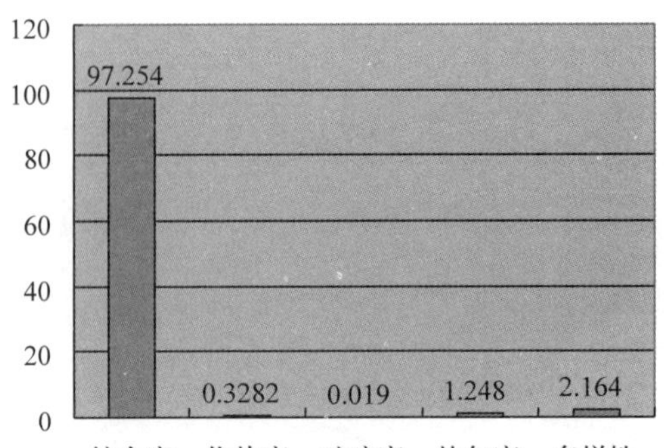

图 3-14 研究区景观指数(景观水平)

表 3-6 2004 年景观指数(景观水平)

CI 结合度	DI 优势度	FN 破碎度	SHEI 均匀度	SHDI 多样性
97.2540	0.3282	0.0190	1.2476	2.1641

3.4 小结

(1)研究区景观总体特征及景观要素组成结构

研究区景观总体格局呈较为复杂的形态，各种景观类型在整个研究区中的分布极不均匀。寒温性针叶林、针阔混交林等集中分布在研究区海拔较高的区域，河岸两侧沿河道沟谷延伸的地带多在人为干扰控制下，以农地和灌草丛为主，缺乏起码的河岸带植被。受到了热量、水分及其配合状况的影响，各种类型的常绿阔叶林分布较为广泛，但由于分布的海拔区域较低，受到的人为干扰较大，除中山湿性常绿阔叶林之外，多呈复杂破碎形态。整个研究区的景观多样性处于较高水平。在研究区中，人为的干扰远大于管理与建设，整体处于粗放管理下的自然演替中。

组成研究区的 13 类景观要素类型中，自然景观占绝对优势，人工景观(村庄、农地和人工林等)及其他类型占次要地位。灌草丛在景观类型中占主体地位，多分布在河谷低海拔地带，受人为干扰的影响最大；中山湿性常绿阔叶林、针阔混交林、温凉性针叶林、寒温性针叶林等自然植被类型在整个研究区占一定优势地位，多分布在海拔较高的区域；而季风常绿阔叶林、半湿润常绿阔叶林等自然植被类型斑块分布面积较少，多分布于低海拔地段，人为干扰强烈；水域所占面积较小，沿怒江呈“非”字型分布；而城乡居民点和农地则沿河流和道路分布；滩涂类型所占比例极少，零星分布于河道两侧。

(2)景观要素在不同坡度坡向上的分布

总体来看，分布在 25°~35°范围内的各种景观类型的面积最多，其中最多的是寒温性针叶林和针阔混交林，这是因为这一坡度范围土地多位于海拔 2500~3900m 之间，土地面积也是最多的。研究区各种景观类型在各个坡向上的分布比较均衡，整体来看，阳坡和半阳坡的占有率要比阴坡和半阴坡多。

阳坡分布最多的是灌草丛，其次分别是针阔混交林、寒温性针叶林、中山湿性常绿阔叶林和温凉性针叶林等。阴坡分布最多的是灌草丛、寒温性针叶林，其次分别是针阔混交林、中山湿性常绿阔叶林和温凉性针叶林等。

(3)研究区景观的异质性

研究区整体表现出高度复杂的环境异质性和一定程度人为干扰共同作用下的异质性高山峡谷流域景观，由于山体高耸陡峭，研究区内的植被垂直带过渡急剧，两种景观类型常常变化在咫尺之间，分布上、动态上的连续性不如水平地带，人为活动也是该区景观类型发生变化的主要驱动因子之一。研究区结合度指数较高，说明各个景观类型的内在联系较为紧密，斑块之间的连通性较好；优势度一般，没有在研究区占绝对优势的景观类型；相对应的，均匀度指数较高，说明研究区没有受到某种景观类型的支配和控制；景观类型的破碎度小，多样性较好。

Chapter Four 研究区景观格局动态分析

4.1 研究目的

对景观空间格局及其动态变化的研究已经成为景观生态学的研究热点和重要研究领域。景观空间格局是大小和形状不一的景观斑块在景观空间上的排列，它是景观异质性的具体体现，同时又是多种生态过程在不同尺度上作用的结果。景观空间格局直接影响着景观内各种变化(能量流、物质流和物种流)，制约着多种生态过程，与景观抗干扰能力、恢复能力、稳定性、生物多样性有着密切的关系。同时，景观空间格局又是在不断变化发展的，现有的景观空间格局是在过去景观流的基础上形成的，其演变是个复杂的过程。在这个过程中，自然干扰和人为干扰影响着它的速率和方向。随着人口数量的增长、活动强度的增强和经济的发展，人类对自然景观格局的影响不断加强，成为影响景观生态过程的主导因素。

研究区(怒江流域中段)景观格局的动态分析无论是对高山峡谷区域的水土保持还是对怒江森林覆盖和植物资源的保护以及城镇景观安全格局的构建都关系重大。本章节将运用3S 技术对研究区在 1986—2004 年间的景观空间格局及其动态变化特征进行研究，通过掌握景观空间格局动态变化的规律，分析产生变化的原因，探讨景观格局反映的环境特征及其与人为干扰之间的关系。为研究区景观资源的可持续利用、景观生态规划与建设、世界文化与自然遗产的保护等方案的科学实施及管理提供依据。

4.2 研究方法

4.2.1 景观类型动态分析方法

景观动态是指景观的结构和功能随时间发生变化的过程和规律。研究景观的动态，可以探索和了解景观功能随景观结构的变化而变化的过程和规律，从而为人类采取科学有效的景观调控和建设管理提供可靠依据。但是，由于景观功能的多变性和多因素决定的特点，相比较而言景观结构较为直观、易于比较和描述。因此，研究景观结构(格局)与过程以及二者之间的关系正成为景观生态学的中心问题和热点问题[73]。因此，景观结构及动态在景观生态研究中始终受到高度的重视。但在不同尺度上的分类系统，必然对景观要素组成结构的分析产生影响。不同尺度上的分析结果，只能在相应的水平上做出解释和应用。

景观类型变化研究中，除掌握变化的数量和幅度外，还有必要对景观类型间的竞争关系进行分析。在不同时期，受自然和人文因素的制约，景观发生改变。各种景观类型转化的分布情况、主导方向和速度都不同。景观的动态演变是景观格局在时间序列上的变化，各类型的相互转化过程对初期景观状态有一定的依赖性。本研究通过对各期景观图进行叠加，求得研究时段内景观类型转化的数量，构建景观转化动态模型，反映不同类型间的转化趋势和速度，也表现了景观变化的类型及其空间分布，据此可以求得景观类型相互转化的数量关系转移矩阵 B：

$$B = \begin{bmatrix} B_{11} & B_{12} & \cdots & B_{1n} \\ B_{21} & B_{22} & \cdots & B_{2n} \\ \vdots & \vdots & \vdots & \vdots \\ B_{n1} & B_{n2} & \cdots & B_{nn} \end{bmatrix}$$

式中，B_{ij}为景观类型 i 转化为 j 的面积，n 为景观类型数目。

如果令 $P_{ij} = B_{ij}/B_i$，其中 B_i为景观类型 i 在 k 时期的面积，$B_i = \sum B_{ij}$，则可以构成转移比率矩阵 P：

$$P = \begin{bmatrix} P_{11} & P_{12} & \cdots & P_{1n} \\ P_{21} & P_{22} & \cdots & P_{2n} \\ \vdots & \vdots & \vdots & \vdots \\ P_{n1} & P_{n2} & \cdots & P_{nn} \end{bmatrix}$$

4.2.2 景观异质性动态分析方法

景观的异质性是景观的基本属性，人类活动的影响、外动力因子对景观形成的自然干扰、生态系统的演替压力是产生景观异质性的重要原因。其异质性同区域生态系统的抗干扰能力、恢复能力、生物多样性、生态系统稳定性等有关[74]，因此景观异质性研究就成为在景观尺度上研究区域生态过程的重要手段。景观异质性的变化在多数情况下体现为土地利用与土地覆盖变化，景观异质性与土地镶嵌有着密切的关系，在多数情况下土地利用类型是划分景观类型的主要依据。从而使得景观生态学在研究以土地退化和植被演化为主要表征的区域生态环境问题中起着越来越重要的作用[65,75]。

景观的异质性表现在两个方面。一是组成要素的异质性或称多样性，即景观中包含的景观要素的丰富程度及其相对数量关系，因而可用景观要素类型的数量及其生态学属性的差异性，即景观要素分类系统简单加以说明。二是空间分布的异质性，即景观要素空间分布的相互关系，也就是说高度异质的景观是由丰富的景观要素类型和对比度高的分布格局共同决定的。当景观中景观要素的数量一定时，景观的异质性取决于各类景观要素单位面积上的斑块数及其分布的分散与集中程度。以大斑块相对集中的分布格局组成的景观，其异质性较低，而以小斑块分散分布格局组成的景观，其异质性较高。

用来定量描述景观异质性的指标有很多，景观要素斑块密度、景观要素斑块边缘密度、景观结合度、斑块形状指数、优势度指数等指数在不同的研究对象和不同尺度上的异质性研究中均有应用。结合研究目的、研究尺度、研究地区的实际特点和各指数对分辨率的敏感性，选用优势度指数、斑块形状指数、平均斑块指数等来分析和比较研究区景观的异质性及其动态。有关景观指数的计算及生态学意义已在第 3 章 3.2.5 阐明，此处不再重复。

4.3 结果分析

4.3.1 各景观类型面积动态变化

利用 GIS 建立了三个时期的数字化研究区景观类型图(图 4-1、图 4-2、图 3-7)。在人为扰动下，其景观类型的面积发生了一系列的变化(表 4-1，表 4-2)。

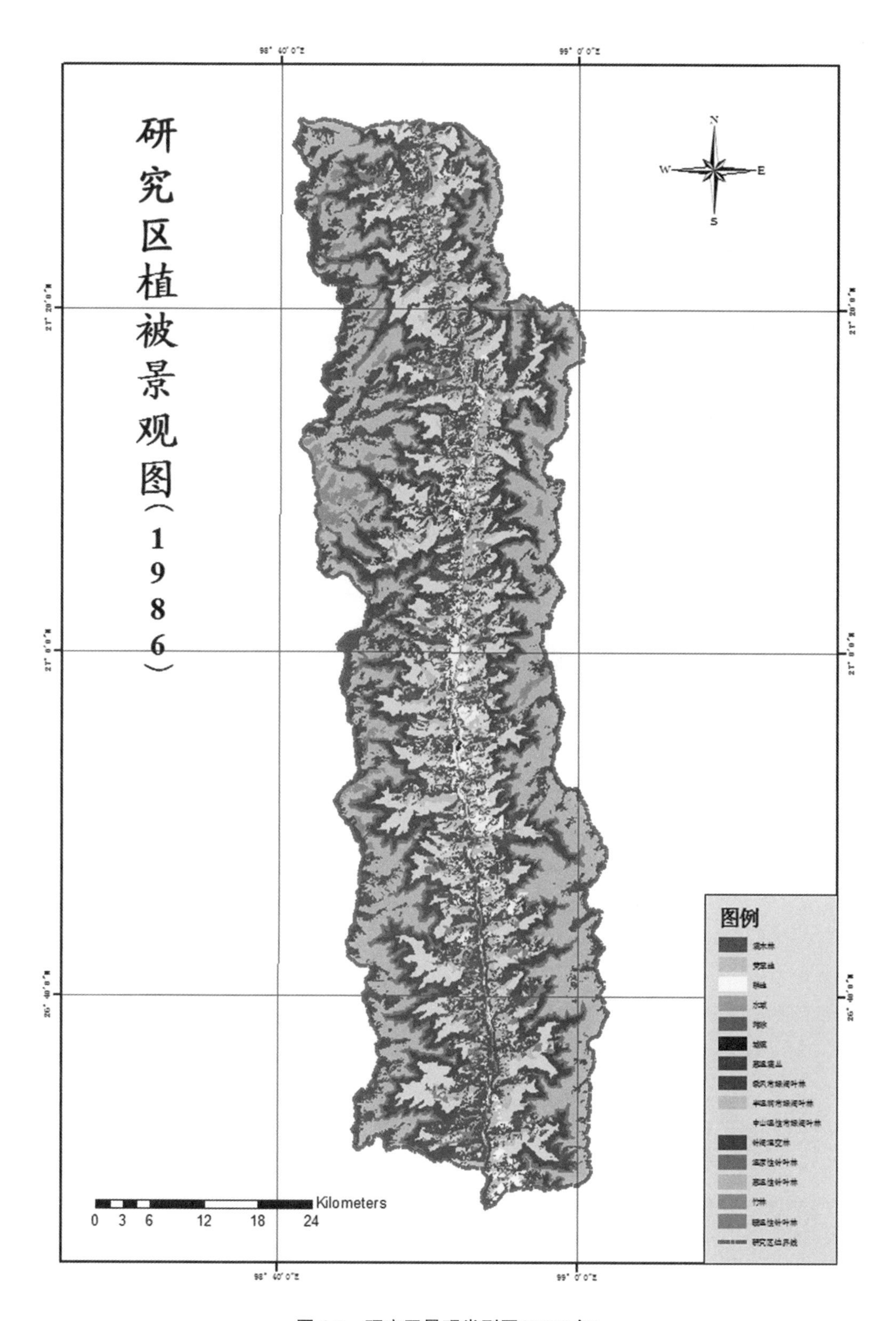

图 4-1　研究区景观类型图(1986 年)

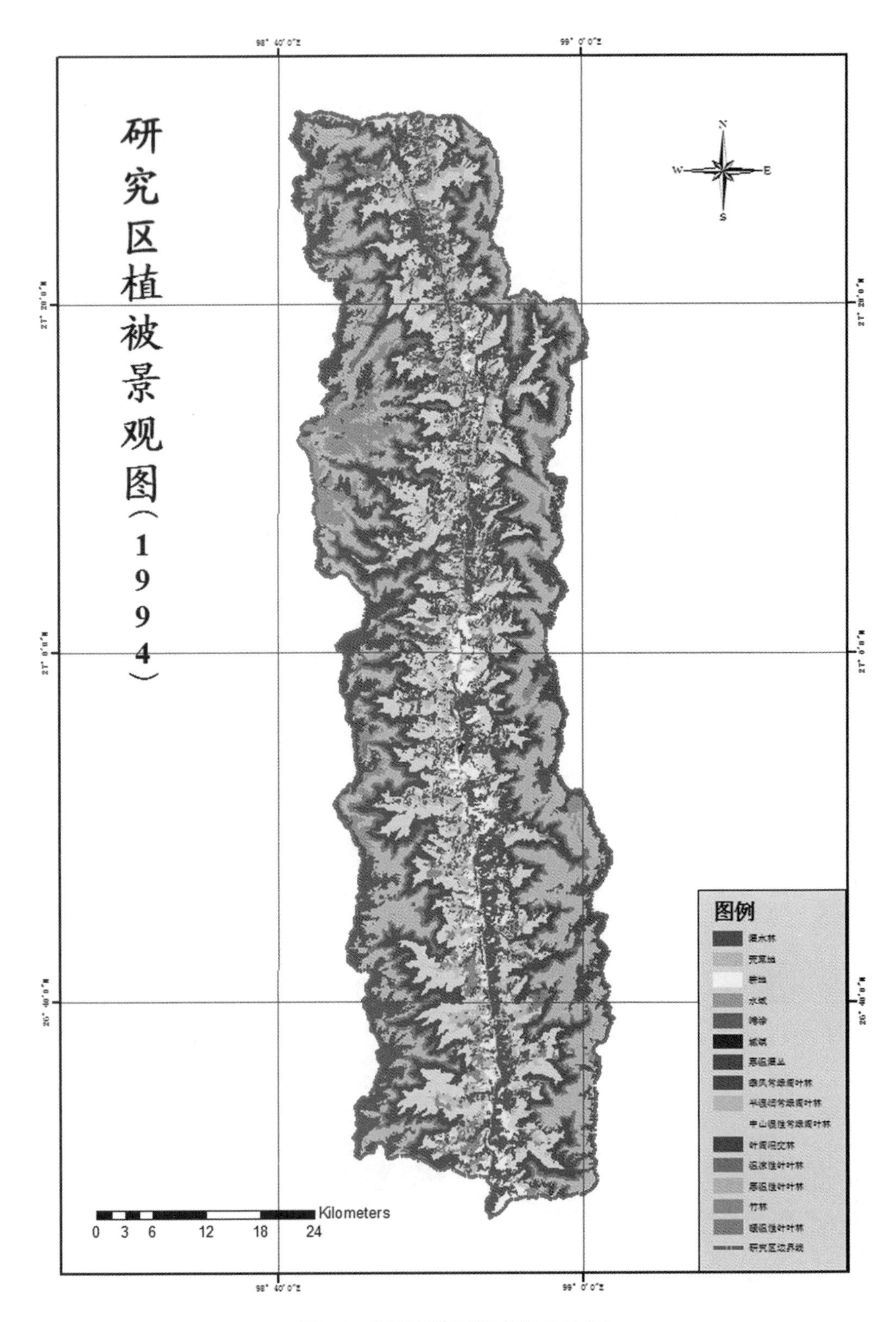

图 4-2　研究区景观类型图（1994 年）

(1)灌草丛

由表4-1可见，在整个研究区内，3个时期灌草丛的面积均超过25%，并且在研究区间内，其面积呈现不断增加的趋势，由1986年的704.68km^{2}增加到了2004年的816.61km^2，年平均增加了6.22km^2。与其他景观要素类型相比，一直处于最高地位，在一定程度上看，灌草丛作为研究区内的景观基质，在控制景观整体结构、功能和动态过程起着主导作用。

(2)季风常绿阔叶林

季风常绿阔叶林在整个研究区内由于受人为干扰、纬度及海拔影响，分布面积本来就不大，仅分布在纬度较低的河谷地段。在1986—2004年间，由于受人为干扰严重，其分布面积逐年递减，由1986年的8.30km^{2}减少到了2004年的0.71km^2。

(3)半湿润常绿阔叶林

半湿润常绿阔叶林的分布范围也比较窄，且正好是人类聚集的地方，因此受人为活动干扰也比较严重，在1986—2004年间其面积也是呈减少趋势，由1986年的169.96km^{2}减少到了2004年的89.96km^2。

(4)中山湿性常绿阔叶林

中山湿性常绿阔叶林的面积是由1986年的395.71km^{2}增加到1994年的428.58km^2，随后到2004年又减少为374.40km^2。说明该景观类型在近年来更多地受到了人为活动的干扰。

(5)针阔混交林

该景观类型面积由1986年的415.57km^{2}增加到1994年的429.26km^2，表明了该种景观类型在自然演替作用下持续增加的过程，而到2004年则减少至410.57km^2，也说明了人类对该区域的干扰持续加强。

(6)温凉性针叶林

该景观类型面积则呈现持续减少的趋势，由1986年的222.00km^{2}减少至1994年的220.83km^2，至2004年则减少至211.80km^2，说明了人类加强了对该区域持续不断的干扰活动。

(7)寒温性针叶林

该景观类型面积则表现为先减少后增加的趋势，由1986年的633.22km^{2}减少至1994年的523.03km^2，至2004年则增加至537.66km^2，说明了前十年人类对该区域的干扰活动较强，而后十年，随着国家保护大江、大河上游生态环境等政策、法律的出台，人类的干扰活动有所减弱，景观类型在自然演替作用下开始缓慢恢复。

(8)竹林

竹林的面积出现了逐年增加的趋势，由1986年的39.85km^{2}增加到1994年的92.67km^2，并增加到2004年的102.47km^2。部分原因是因为研究区内的竹类分布较广，其他不同的植物景观类型中都不同程度地包含了竹类植物的成分；当其他景观类型遭到干扰破坏时，其中的竹林却保留下来，使其面积不断增加。

(9)暖温性针叶林

该景观类型面积则表现为先增加后减少的趋势，由1986年的52.80km^{2}增加到1994年的63.70km^2，而至2004年则减少为47.26km^2。由于其分布极为广泛且受人类的干扰影响较大，在人为种植或砍伐的情况下，其面积也发生了较大变化。

(10) 农地

农地景观类型面积则呈现持续不断增加的趋势。从 1986 年的 69.70km² 增加到 1994 年的 79.65km²，并增加到 2004 年的 120.16km²。说明随着人口的增加和社会经济的发展，人们不断开垦新的农地以增加粮食产量和经济收入的过程。

(11) 城镇

城镇景观类型面积也呈现持续不断增加的趋势。从 1986 年的 0.48km² 增加到 1994 年的 0.67km²，到 2004 年则增加为 0.97km²，说明了城镇及村庄规模不断扩大的过程。

(12) 水域及滩涂

水域景观类型面积呈现出先增加后减少的趋势，从 1986 年的 16.81km² 增加到 1994 年的 17.30km²，至 2004 年则减少为 15.65km²。滩涂景观类型面积则表现为持续增加的趋势，从 1986 年的 2.43km² 增加到 1994 年的 2.69km²，并增加到 2004 年的 2.95km²。同样反映了人类活动干扰不断增强的过程，如 21 世纪以来怒江流域持续不断升温的水电站建设等活动导致了怒江支流水域及滩涂的变化。

表 4-1　1986、1994、2004 年各景观类型面积　单位：km²

植被景观类型	1986 年		1994 年		2004 年	
	总面积	所占比例(%)	总面积	所占比例(%)	总面积	所占比例(%)
灌草丛	704.68	0.2557	706.83	0.2565	816.61	0.2962
农地	69.70	0.0253	79.65	0.0289	120.16	0.0436
水域	16.81	0.0061	17.30	0.0063	15.65	0.0057
滩涂	2.43	0.0009	2.69	0.0010	2.95	0.0011
城镇	0.48	0.0002	0.67	0.0002	0.97	0.0004
季风常绿阔叶林	8.30	0.0030	5.92	0.0021	0.71	0.0003
半湿润常绿阔叶林	169.96	0.0617	160.77	0.0583	89.96	0.0326
中山湿性常绿阔叶林	395.71	0.1436	428.58	0.1555	374.40	0.1358
针阔混交林	415.57	0.1508	429.26	0.1557	410.57	0.1489
温凉性针叶林	222.00	0.0805	220.83	0.0801	211.80	0.0768
寒温性针叶林	633.22	0.2297	523.03	0.1897	537.66	0.1951
竹林	39.85	0.0145	92.67	0.0336	102.47	0.0372
暖温性针叶林	52.80	0.0192	63.70	0.0231	47.26	0.0171
合计	2756.44	1	2756.44	1	2756.44	1

表 4-2　1986—2004 年各类景观类型年变化速度表　单位：km²/年

	1986 年	1994 年	2004 年	1986—1994 年	1994—2004 年	1986—2004 年
灌草丛	704.68	706.83	816.61	0.27	10.98	6.22
农地	69.70	79.65	120.16	1.24	4.05	2.80
水域	16.81	17.30	15.65	0.06	-0.16	-0.06

（续）

	1986 年	1994 年	2004 年	1986—1994 年	1994—2004 年	1986—2004 年
滩涂	2. 43	2. 69	2. 95	0. 03	0. 03	0. 03
城镇	0. 48	0. 67	0. 97	0. 02	0. 03	0. 03
季风常绿阔叶林	8. 30	5. 92	0. 71	-0. 30	-0. 52	-0. 42
半湿润常绿阔叶林	169. 96	160. 77	89. 96	-1. 15	-7. 1	-4. 44
中山湿性常绿阔叶林	395. 71	428. 58	374. 40	4. 11	-5. 41	-1. 18
针阔混交林	415. 57	429. 26	410. 57	1. 71	-1. 87	-0. 28
温凉性针叶林	222. 00	220. 83	211. 80	-0. 15	-0. 90	-0. 57
寒温性针叶林	633. 22	523. 03	537. 66	-13. 77	1. 46	-5. 31
竹林	39. 85	92. 67	102. 47	6. 60	0. 98	3. 48
暖温性针叶林	52. 80	63. 70	47. 26	1. 36	-1. 64	-0. 31

4. 3. 2 各景观类型变化趋势

（1）转出转入分析

研究区间内，各种景观类型均发生了转移。各种景观类型转移方向中，主要是灌草丛、农地、水域、半湿润常绿阔叶林和中山湿性常绿阔叶林之间的相互转变，结果使得研究区的森林面积逐年递减，灌草丛、农地等面积逐渐增加（表 4-3、4-4、4-5，图 4-3）。

研究区各种景观类型转出的面积大小依次为：1986—1994 年是灌草丛 > 寒温性针叶林 > 半湿润常绿阔叶林 > 中山湿性常绿阔叶林 > 农地 > 针阔混交林 > 温凉性针叶林 > 季风常绿阔叶林 > 暖温性针叶林 > 竹林 > 水域 > 滩涂 > 城镇；1994—2004 年为温凉性针叶林 > 灌草丛 > 寒温性针叶林 > 半湿润常绿阔叶林 > 中山湿性常绿阔叶林 > 针阔混交林 > 竹林 > 农地 > 暖温性针叶林 > 季风常绿阔叶林 > 水域 > 滩涂 > 城镇（表 4-3）。

1986—1994 年，灌草丛转出为 268. 76km^2，主要是转为半湿润常绿阔叶林（62. 24km^2）、中山湿性常绿阔叶林（68. 56km^2）和农地（30. 22km^2）等；寒温性针叶林的转出面积为 147. 96km^2，主要转为灌草丛（56. 80km^2）（表 4-4）。

1994—2004 年间，灌草丛转出为 209. 99km^2，主要是转为寒温性针叶林（43. 95km^2）和中山湿性常绿阔叶林（31. 81km^2）等；寒温性针叶林的转出面积为 97. 00km^2，主要转为灌草丛（25. 87km^2）（表 4-5，图 4-3）。

（2）转出转入速率分析

表 4-6 是两个阶段各个景观类型转入转出速率表，总体来看，大部分景观类型在两个阶段转出转入的速率未呈现出明显的规律性，而个别景观类型在研究期间的转移速率规律如下：

灌草丛转入转出速率都在下降，但转出速率下降幅度更大，说明其面积有增加的趋势；农地转入速率和转出速率均增加，但转入速率增加幅度比转出速率明显要快，说明农地也有快速增加的趋势。在各种林地中，大体呈现的趋势是：转入速率下降而转出速率增加，这意味着森林面积有不断减少的趋势。

表 4-3 1986—2004 年转移数据

单位：km^2

1986—2004 年	变化后												
变化前	灌草丛	农地	水域	滩涂	城镇	季风常绿阔叶林	半湿润常绿阔叶林	中山湿性常绿阔叶林	针阔混交林	温凉性针叶林	寒温性针叶林	竹林	暖温性针叶林
灌草丛	467. 64	47. 38	0. 81	0. 27	0. 01	0. 45	30. 60	57. 07	24. 11	5. 97	48. 07	30. 05	8. 42
农地	24. 18	42. 88	0. 37	0. 89	0. 42	0	0. 32	0. 32	0. 17	0. 04	0. 01	0	0
水域	1. 82	0. 76	12. 93	1. 11	0. 05	0	0. 09	0	0	0	0	0	0
滩涂	0. 35	0. 22	1. 20	0. 55	0	0	0. 01	0	0	0	0	0	0
城镇	0	0	0	0	0. 48	0	0	0	0	0	0	0	0
季风常绿阔叶林	7. 02	0. 90	0. 07	0. 03	0	0. 25	0	0	0	0	0	0	0
半湿润常绿阔叶	89. 47	21. 29	0. 23	0. 01	0	0	58. 79	0. 15	0	0	0	0	0. 02
中山湿性常绿阔叶林	72. 81	5. 86	0	0	0	0	0. 13	316. 69	0. 11	0	0	0	0. 07
针阔混交林	29. 04	0. 29	0	0	0	0	0	0. 09	386. 16	0. 12	0	0. 16	0
温凉性针叶林	13. 75	0	0	0	0	0	0	0	0. 11	205. 54	0. 08	2. 54	0
寒温性针叶林	109. 75	0	0	0	0	0	0	0	0	0. 08	489. 37	39. 85	0
竹林	2. 39	0	0	0	0	0	0	0	0	0. 10	6. 64	33. 05	0
暖温性针叶林	13. 34	0. 62	0	0	0	0	0. 02	0. 06	0	0	0	0	38. 72
合计	816. 61	120. 16	15. 65	2. 950	0. 970	0. 71	89. 96	374. 40	410. 57	211. 80	537. 66	102. 47	47. 26

表 4-4　1986—1994 年转移数据

单位：km^2

1986—1994 年	变化后												
变化前	灌草丛	农地	水域	滩涂	城镇	季风常绿阔叶林	半湿润常绿阔叶林	中山湿性常绿阔叶林	针阔混交林	温凉性针叶林	寒温性针叶林	竹林	暖温性针叶林
灌草丛	435.33	32.64	1.14	0.25	0	4.50	63.17	68.56	24.78	6.11	33.82	30.03	17.68
农地	25.72	36.11	0.54	0.91	0.16	0.23	4.32	1.00	0.36	0.02	0	0	0.28
水域	1.34	0.85	13.63	0.79	0.02	0.08	0.16	0	0	0	0	0	0
滩涂	0.32	0.13	1.40	0.54	0	0	0.04	0	0	0	0	0	0
城镇	0	0	0	0	0.48	0	0	0	0	0	0	0	0
季风常绿阔叶林	7.01	0.05	0.14	0.06	0	1.01	0	0	0	0	0	0	0
半湿润常绿阔叶	68.910	7.39	0	0	0	0.07	92.92	0.17	0	0	0	0	0.03
中山湿性常绿阔叶林	38.51	2.41	0	0	0	0	0.15	355.60	0.09	0	0	0	0.06
针阔混交林	11.34	0.03	0	0	0	0	0	0.09	404.02	0.11	0	0.15	0
温凉性针叶林	6.42	0	0	0	0	0	0	0	0.11	214.40	0.22	0.93	0
寒温性针叶林	120.54	0	0	0	0	0	0	0	0	0.04	485.23	33.36	0
竹林	4.94	0	0	0	0	0	0	0	0	0.17	5.60	31.00	0
暖温性针叶林	6.87	0.17	0	0	0	0.02	0.07	0	0	0	0	0	45.61
合计	706.83	79.65	17.30	2.69	0.67	5.92	160.77	428.58	429.26	220.83	523.03	92.67	63.70

表 4-5　1994—2004 年转移数据

单位：km^2

1994—2004 年	变化后												
变化前	灌草丛	农地	水域	滩涂	城镇	季风常绿阔叶林	半湿润常绿阔叶林	中山湿性常绿阔叶林	针阔混交林	温凉性针叶林	寒温性针叶林	竹林	暖温性针叶林
灌草丛	493.09	48.43	1.08	0.23	0.12	0.07	19.43	34.07	15.10	7.08	89.42	14.08	4.62
农地	28.94	48.60	0.55	0.37	0.14	0.13	0.49	0.22	0.03	0	0	0	0.01
水域	1.98	1.08	13.50	0.56	0	0	0.06	0	0	0	0.01	0	0
滩涂	0.26	0.18	0.33	1.72	0.01	0	0	0	0	0	0.02	0	0
城镇	0	0	0	0	0.67	0	0	0	0	0	0	0	0
季风常绿阔叶	4.50	0.71	0.05	0.02	0	0.50	0	0	0	0	0	0	0
半湿润常绿阔叶	75.61	14.94	0.15	0.04	0	0	69.83	0.14	0	0	0	0	0.02
中山湿性常绿阔叶林	83.69	4.69	0	0	0	0	0.13	339.80	0.13	0	0	0	0.13
针阔混交林	33.51	0.54	0	0	0	0	0	0.10	395.30	0.11	0	0.12	0.01
温凉性针叶林	14.47	0	0	0	0	0	0	0	0.10	204.00	0.08	2.23	0
寒温性针叶林	70.61	0	0	0	0	0	0	0	0	0.25	426.03	28.01	0
竹林	5.05	0	0	0	0	0	0	0	0.10	0.44	28.72	61.28	0
暖温性针叶林	20.02	1.09	0	0	0	0	0.01	0.05	0	0	0	0	42.50
合　计	816.61	120.16	15.65	2.950	0.970	0.71	89.96	374.40	410.57	211.80	537.66	102.47	47.26

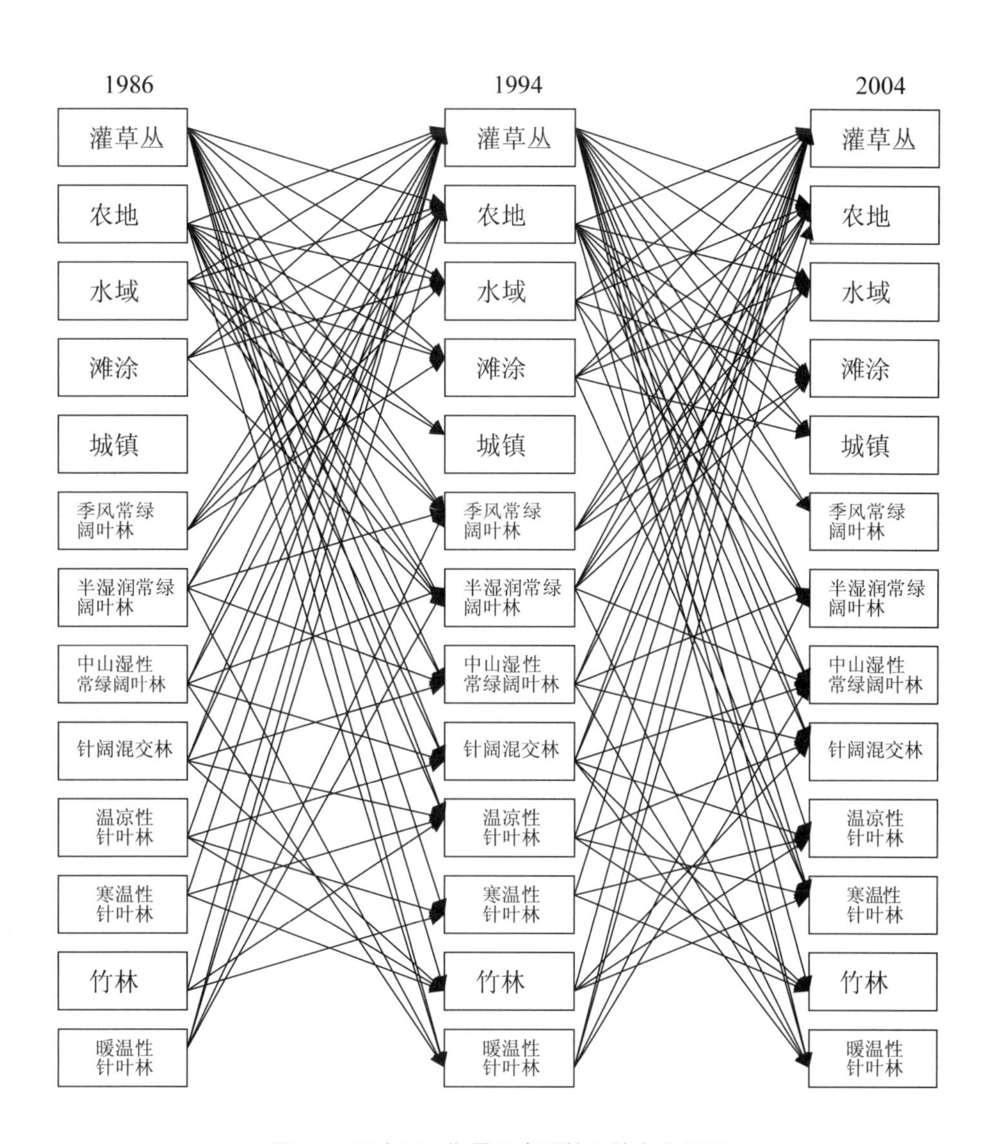

图 4-3 研究区三期景观类型转入转出分析图

表 4-6 各类景观类型转入转出面积、速率表 单位：km^2

类型	1986—1994 年				1994—2004 年			
	转入面积	转入速率	转出面积	转出速率	转入面积	转入速率	转出面积	转出速率
灌草丛	253. 11	31. 64	268. 76	33. 59	275. 12	27. 51	209. 99	20. 99
农地	43. 54	5. 44	15. 85	1. 98	71. 56	7. 16	31. 05	3. 11
水域	3. 67	0. 46	3. 18	0. 40	2. 15	0. 22	3. 80	0. 38
滩涂	2. 15	0. 27	1. 89	0. 24	1. 23	0. 12	0. 97	0. 10
城镇	0. 19	0. 02	0	0	0. 30	0. 03	0	0
季风常绿阔叶林	4. 91	0. 61	7. 29	0. 91	0. 21	0. 02	5. 42	0. 54
半湿润常绿阔叶	67. 85	8. 48	77. 04	9. 63	20. 13	2. 01	90. 94	9. 09

（续）

类型	1986—1994 年				1994—2004 年			
	转入面积	转入速率	转出面积	转出速率	转入面积	转入速率	转出面积	转出速率
中山湿性常绿阔叶林	72.98	9.12	40.11	5.01	34.60	3.46	88.78	8.88
针阔混交林	25.24	3.16	11.55	1.44	15.27	1.53	33.96	3.40
温凉性针叶林	6.43	0.80	7.60	0.95	7.80	0.78	218.79	21.88
寒温性针叶林	37.80	4.73	147.96	18.50	111.63	11.16	97.00	9.70
竹林	61.67	7.71	6.49	0.81	41.19	4.12	31.39	3.14
暖温性针叶林	18.09	2.26	7.17	0.90	4.76	0.48	21.20	2.12

4.3.3 景观异质性动态变化分析

(1)景观类型指数

1986、1994、2004 年各景观类型的景观指数计算结果见表 4-7。

(2) 景观类型水平指数分析

①景观类型斑块数

如图 4-4 所示，3 个时期斑块数最多的都是灌草丛，但变化趋势不一致，1986—1994 年呈增加趋势，到 2004 年却急剧减少，仅有 1057 个斑块；灌草丛的景观破碎度也表现出了相应的波动，也是先增加而后降低。斑块数最少的是城镇，但其面积是不断增加，因此破碎度减小。其他斑块数的变化情况是：灌草丛、农地、中山湿性常绿阔叶林、针阔混交林、温凉性针叶林和暖温性针叶林是先减少后增加；水域、季风常绿阔叶林呈持续减少趋势；滩涂、半湿润常绿阔叶林、寒温性针叶林呈持续增加趋势；竹林则是先增加后减少。

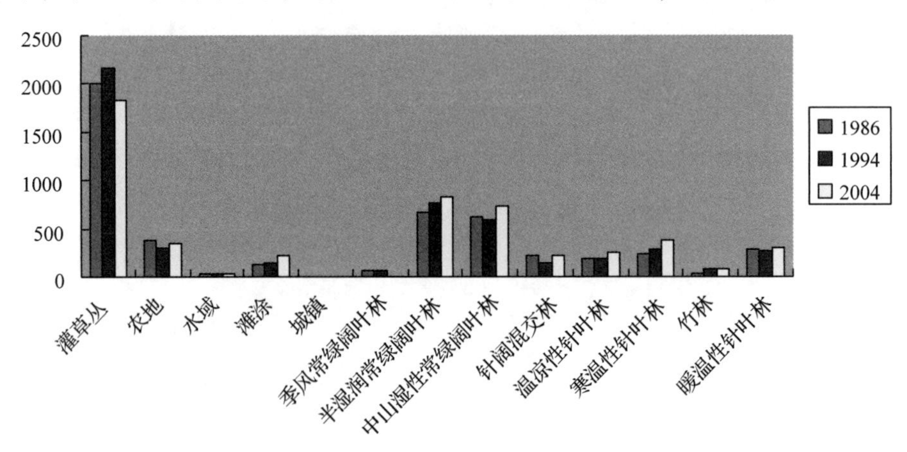

图 4-4 研究区各景观类型斑块数

②景观类型斑块形状指数

3 个时期形状指数最大的均是水域，并且呈增加趋势，这是因为研究区中主要的水域是怒江，呈长条状，和圆形或方形比较起来显得极不规整，因此其形状指数最大。该指数最小的是城镇，但却呈减小趋势，说明了其在 3 个时期里均是受人为干扰最严重的，斑块形状比较规整，但由于大多建筑是沿河而建，整体形状也逐渐发生变化。其他斑块形状指

表 4-7　1986、1994、2004 年各景观类型的景观指数计算结果

	1986 年						1994 年						2004 年					
	D	NP	PD	FN	LSI	CI	D	NP	PD	FN	LSI	CI	D	NP	PD	FN	LSI	CI
灌草丛	0. 4771	2004	0. 2488	0. 0351	1. 4480	97. 3151	0. 4778	2167	0. 2875	0. 0355	1. 4360	97. 4607	0. 4962	1835	0. 3016	0. 0198	1. 4655	98. 8145
农地	0. 0671	377	0. 0774	0. 0571	1. 4300	91. 2257	0. 0688	302	0. 0601	0. 0375	1. 3889	94. 6763	0. 0810	343	0. 0654	0. 0283	1. 3828	96. 4413
水域	0. 0063	36	0. 0074	0. 0214	1. 6614	90. 8355	0. 0072	35	0. 0070	0. 0202	1. 7496	95. 5163	0. 0058	33	0. 0063	0. 0211	1. 8589	94. 4666
滩涂	0. 0003	125	0. 0257	0. 4938	1. 5132	66. 0916	0. 0005	136	0. 0271	0. 5055	1. 5300	68. 7452	0. 0005	228	0. 0435	0. 7667	1. 5289	67. 5069
城镇	0. 0001	2	0. 0004	0. 0417	1. 3029	88. 6801	0. 0001	2	0. 0004	0. 0298	1. 2873	91. 9496	0. 0001	2	0. 0004	0. 0206	1. 2517	93. 7852
季风常绿阔叶林	0. 0009	68	0. 0140	0. 0819	1. 3422	88. 1547	0. 0003	68	0. 0135	0. 1148	1. 3666	88. 1926	0. 0001	3	0. 0006	0. 0423	1. 3125	92. 1027
半湿润常绿阔叶林	0. 1124	664	0. 1363	0. 0391	1. 4367	95. 0488	0. 1101	768	0. 1528	0. 0478	1. 4100	95. 2195	0. 0869	826	0. 1576	0. 0889	1. 3803	91. 2478
中山湿性常绿阔叶林	0. 3004	620	0. 1273	0. 0157	1. 3426	96. 7153	0. 3135	588	0. 1170	0. 0138	1. 3515	97. 7741	0. 3178	732	0. 1396	0. 0187	1. 3362	96. 8039
针阔混交林	0. 3209	216	0. 0443	0. 0052	1. 3764	98. 8282	0. 3271	144	0. 0287	0. 0033	1. 3835	99. 1158	0. 3091	217	0. 0414	0. 0049	1. 3509	98. 7521
温凉性针叶林	0. 1987	195	0. 0400	0. 0090	1. 4625	98. 3184	0. 1898	184	0. 0366	0. 0091	1. 4365	98. 3446	0. 2011	251	0. 0479	0. 0118	1. 4037	97. 9792
寒温性针叶林	0. 4655	241	0. 0495	0. 0038	1. 4127	99. 1369	0. 4217	282	0. 0561	0. 0057	1. 3823	99. 2647	0. 4308	388	0. 0740	0. 0074	1. 3731	98. 8944
竹林	0. 0461	38	0. 0078	0. 0095	1. 3856	97. 0967	0. 0499	75	0. 0149	0. 0081	1. 3708	98. 6763	0. 5013	74	0. 0141	0. 0072	1. 3953	97. 8709
暖温性针叶林	0. 0103	286	0. 0587	0. 0577	1. 3283	92. 3630	0. 0219	275	0. 0547	0. 0476	1. 3211	94. 6827	0. 0096	310	0. 0591	0. 0638	1. 3114	92. 4126
合计		4872						5026						5242				

注：PD 为斑块密度，Patch density；FN 为破碎度指数，Fragmentation Index；CI 为结合度指数，Patch Connection Index；SHDI 为香农多样性指数，Shannon's Diversity Index；D 为优势度指数，Dominate Index；NP 为斑块数，Patch Number；LSI 为斑块形状指数，Patch Shape Index.（下同）。

数的变化情况是：竹林是先减少后增加；灌草丛、农地、半湿润常绿阔叶林、温凉性针叶林、寒温性针叶林、暖温性针叶林呈持续减少趋势；水域呈持续增加趋势；滩涂、寒温灌丛、中山湿性常绿阔叶林、季风常绿阔叶林、针阔混交林则是先增加后减少。整体来看，景观斑块的形状指数大多呈减少趋势，说明斑块形状趋于规整化，体现了人类活动的影响（图 4-5）。

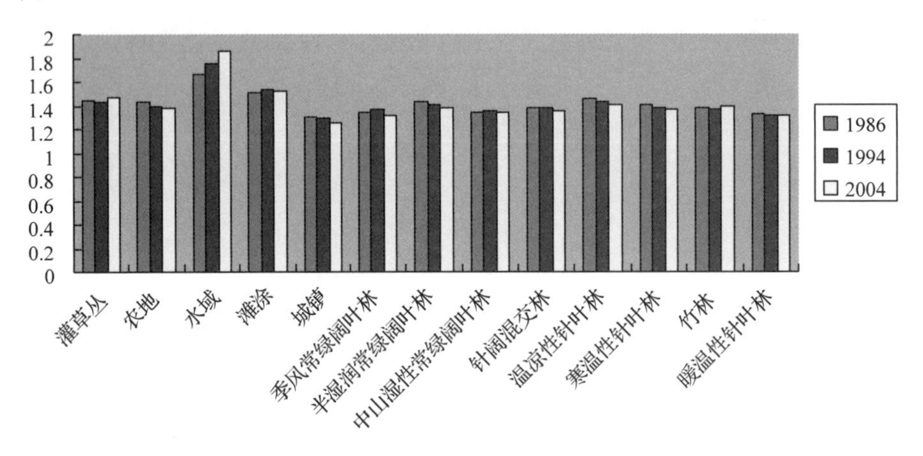

图 4-5　研究区各景观类型形状指数

③景观类型斑块密度

如图 4-6 所示，灌草丛的斑块密度最大，而且持续增加。斑块密度其次的是半湿润常绿阔叶林，持续增加；中山湿性常绿阔叶林是先降后增；寒温性针叶林是持续增加。斑块密度最小的是城镇和季风常绿阔叶林，这也与它的斑块数最小是一致的。

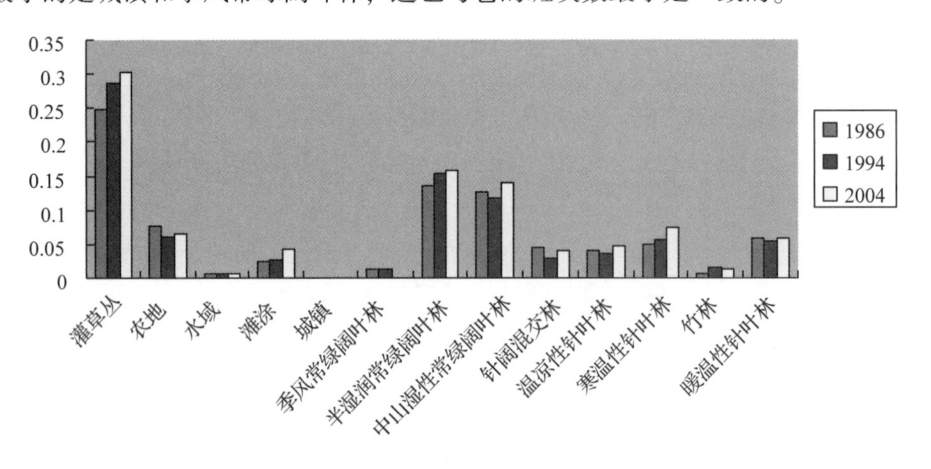

图 4-6　研究区各景观类型斑块密度

④景观类型破碎度

滩涂的破碎度指数最高，其面积较小，但斑块数较多，散布在研究区内，而且持续增加，从 1994—2004 年增加更快。其他景观类型的破碎度指数较低，变化也小一些（图 4-7）。

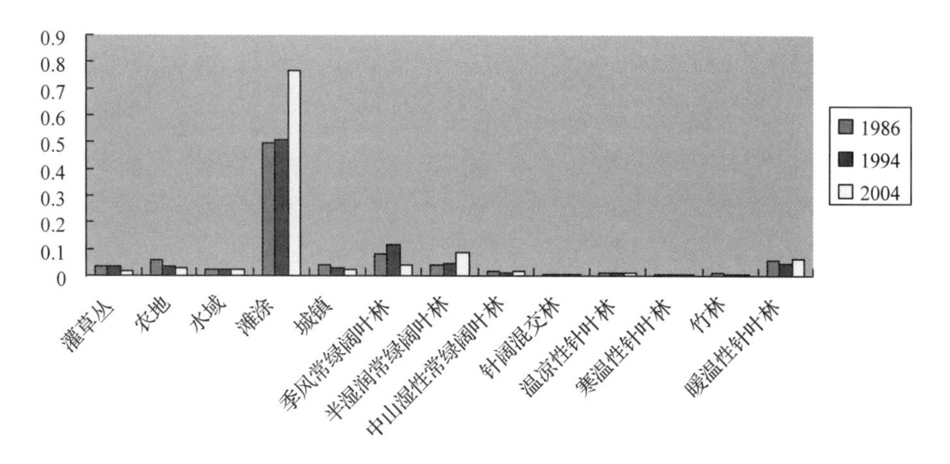

图 4-7 研究区各景观类型破碎度

⑤景观类型结合度指数

三个时期结合度指数最大的均是寒温性针叶林，体现了其在整个景观中连通性能最好。但波动不规则，1986—1994 年稍有增加，但到了 2004 年却急剧下降，这与其面积减少，斑块被分割是分不开的。该指数最小的是滩涂，这是由于其本身面积较小，斑块数多且分布零散，其连通性也是呈现不规则波动。其他景观类型的连通性表现是：寒温性针叶林呈持续减少趋势；灌草丛、农地、城镇、季风常绿阔叶林呈持续增加趋势；水域、中山湿性常绿阔叶林、半湿润常绿阔叶林、针阔混交林、温凉性针叶林、竹林、暖温性针叶林则是先增加后减少。人类活动强烈的地方，景观斑块被分割，将导致该景观类型连通性的下降；相反人类活动薄弱的地方，景观斑块在自然演替下趋向于成片相连，使得连通性增加(图 4-8)。

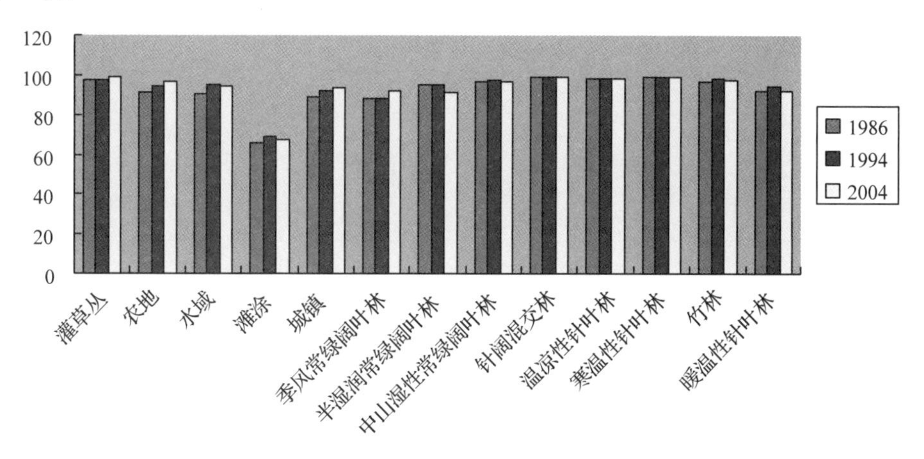

图 4-8 研究区各景观类型结合度指数

⑥景观类型优势度指数

三个时期占明显优势地位的均是灌草丛和寒温性针叶林，体现了其在整个景观结构和功能中的作用。但各个时期的优势程度同样表现为波动不规则，灌草丛持续增加；而寒温性针叶林 1986—1994 年优势度下降，到了 2004 年稍有增加，但也未能达到 1986 年的水平。这主要也是由于其面积减少，景观斑块被分割。该指数最小的是城镇，因其面积及分布相对于其他景观类型来说是最小的，虽然其优势度值表现的最小，但其在整个景观结构和功能上的控制作用较大。其他景观类型的优势度表现是：温凉性针叶林、寒温性针叶林是先减小后增加；季风常绿阔叶林、半湿润常绿阔叶林呈持续减少趋势；农地、滩涂、中山湿性常绿阔叶林、竹林呈持续增加趋势；水域、针阔混交林、暖温性针叶林则是先增加后减少。总的来看，林地的优势度呈降低趋势，而人为影响下的城镇、农地等则呈增加趋势(图 4-9)。

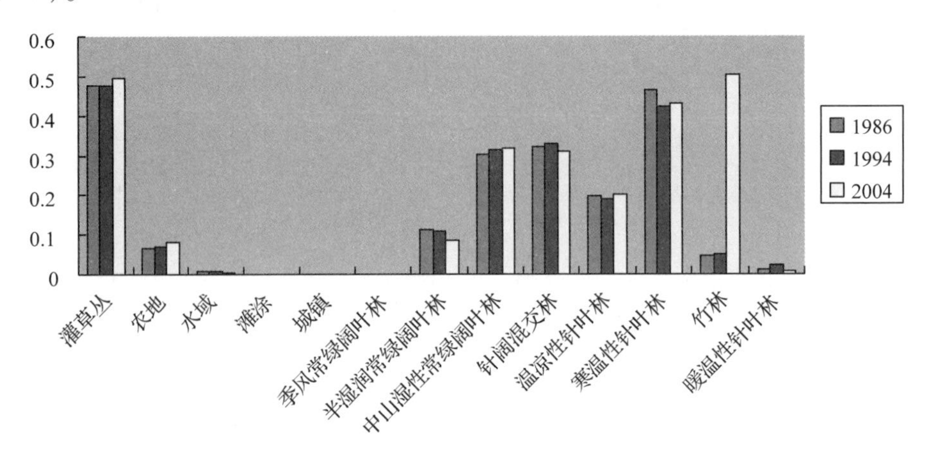

图 4-9 研究区各景观类型优势度指数

(3)景观水平指数分析

表 4-8 和图 4-10 反应了研究区在 1986—2004 年期间，景观斑块数不断增加，导致破碎度增加，整个研究区趋于破碎化；景观形状指数减少、景观优势度下降、景观多样性增加、景观均匀度增加。

表 4-8 1986—2004 年间景观指数(景观水平)

年份	CI(结合度)	DI(优势度)	FI(破碎度)	SHEI(均匀度)	SHDI(多样性)
1986	98.8726	0.4691	0.0177	1.0714	2.1180
1994	98.1975	0.4424	0.0181	1.2133	2.1581
2004	97.2540	0.3282	0.0190	1.2476	2.1641

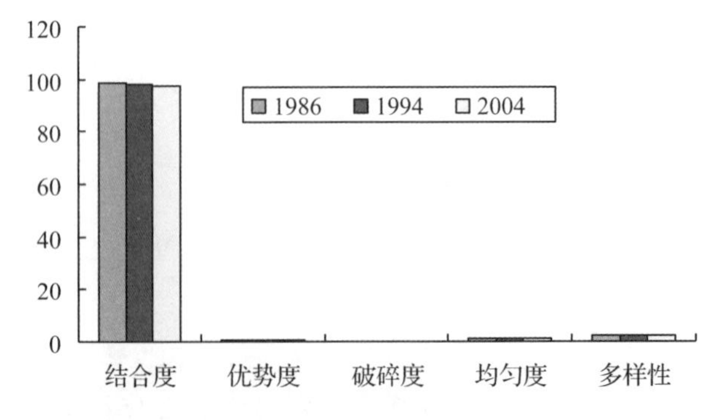

图 4-10 1986—2004 年间景观指数(景观水平)

(4)研究期间景观格局动态变化

对照前述变化过程可发现，在整个研究期间，各景观类型在自然演替和持续的人类活动干扰共同作用下一直处于不断的波动之中。从1986—2004年间，由于半湿润常绿阔叶林、中山湿性常绿阔叶林和寒温性针叶林面积的减少，引起整个研究区森林面积的下降。这充分反映了由于人类干扰的进一步加剧，迹地数量明显增加，加上营林投资少，森林保护工作困难，生产性间伐和偷砍盗伐日益严重，导致森林面积减少，林分质量下降，出现较多的林中空地和林窗，斑块数量也显著增加，灌草丛得以侵入，斑块数量、面积急剧增加，使整个研究区的森林景观发生了逆行演替，斑块进一步破碎化。最终导致整个研究区呈现出人为干扰控制强烈的格局动态。

(5)研究期间城镇、农地等人工景观格局的动态变化

城镇在研究区中一直处于较低水平，但由于它是景观格局变化的重要干扰源，其变化对景观动态来说也是极为敏感的因素。近20多年来，研究区内的村庄斑块数量、面积与优势度总体呈上升趋势。这主要表现在居民点的不断扩大和增加，必然引起原先农地的荒芜和地类的转化，部分新的土地被占用，一些新农地也相继出现，进而一部分林地、灌草丛也紧随其后因建筑、用火而消失。而原来的废弃农地在短期内又难以恢复植被类型，促进了研究区内村庄和农地斑块数量的增加和整体景观斑块的破碎化。

(6)研究期间河流景观格局的动态变化

虽然河流(廊道)在整个研究区景观中的面积比和优势度都处于较低水平，但作为景观中物质、能量和信息传输的重要通道与屏障或过滤器，在研究区生态系统和人类经济生活中扮演着十分重要的角色。对研究区景观中物种的丰富度和物种的平均覆盖度等有着重要的影响。从1986—1994年间，河流(廊道)面积迅速上升，反映出由于支流电站的修建等人类活动加剧且集中于河流两侧，并沿河谷沟道延伸和扩张，河岸沟道植被受到严重干扰，河流水文效应发生变化，道路密度加大，很多河道缩小干涸，周边植被严重退化，河岸景观结构遭到破坏，导致河床加宽，整个河流呈现出扩张趋势。而从1994—2004年，河流面积又有所下降，印证了随着干扰的不断加剧，河流的逐渐扩张，进而在一些平坦宽阔的河流地带，进行电站引流隧道的修建，拦河筑坝等活动，河流的命运再次发生改变。因此，加强对河流及河岸带植被的保护和建设，应作为今后研究区管理建设的重要任务之一。

4.4 小结

本章通过对研究区在1986—2004年期间的景观空间格局及其动态变化特征进行研究，得出以下结论：

(1)研究期间景观动态格局变化总体情况

景观格局动态总体表明，整个研究区景观格局始终处于较强干扰破坏的状态，半湿润常绿阔叶林、中山湿性常绿阔叶林和寒温性针叶林等面积的持续减少，灌草丛、农地和城镇等面积的增加，表明类型间斑块发生了相互转变。在近20多年来，研究区中人为干扰日益加剧，各景观类型遭人为破坏，且未进行工程性造林或精心造林工程，整个研究区处于粗放管理下的自然演替中。

(2)研究期间各景观类型转移变化趋势

从上述半湿润常绿阔叶林、中山湿性常绿阔叶林和寒温性针叶林等林地、灌草丛和耕地及其他景观类型转移情况来看，得到最好保护的是城镇用地，其次是水域，半湿润常绿阔叶林、中山湿性常绿阔叶林和寒温性针叶林等林地的面积相对来说也得到了较好的保护；发生转移最多的是耕地，体现了该区撂荒等土地演变的特点。有林地一方面被砍伐用于提供木材资源和当地居民的柴薪，转化为了灌木林；另一方面，直接被开垦为耕地；其中有一小部分退化成了灌草丛。而耕地的变化比较大是因为该区的耕地类型受地形影响，多是坡耕地、梯田、火烧地等轮歇地，弃耕、重开垦现象比较突出，被遗弃的耕地逐步演变为灌草丛或逐渐演替为林地。滩涂和水域变化情况不大，其基本没发生与其他景观类型间的相互转移。

(3)研究期间景观要素斑块形状及其动态

斑块形状指数与近圆指数均能较好的描述斑块边界的复杂程度，且以斑块形状指数更为直观。在各森林景观类型中，半湿润常绿阔叶林、温凉性针叶林等处于演替旺期，森林类型的斑块整体构图复杂，而暖温性针叶林、中山湿性常绿阔叶林等处于演替早期或晚期的类型，其斑块的构图较为规整。斑块的形状动态表明，研究区景观整体的斑块形状指数在三个时期内均表现为持续下降，研究区内整体斑块的形状趋于简单。非林地的变动较大，林地总体的斑块边缘复杂程度有下降趋势，与景观整体呈一致的变动趋势。

(4)研究期间景观异质性动态

这些景观指数反映出来的结果表明：研究区向破碎化方向发展，景观中斑块形状日趋规整；农地、灌草丛等面积的增加，使得整个景观趋于均匀化，景观多样性反而增加。这些都说明研究区缺乏合理的生态功能规划，人类的活动是该区生态系统主要的干扰，从而导致林地比重的下降，斑块被分割。对自然生态系统的结构和功能有着重要控制作用的林地的减少将使该区的生态系统受到重要影响。

研究区整体表现出高度复杂的环境异质性和一定程度人为干扰共同作用下的异质性高山峡谷景观，且人为活动是该区景观类型发生变化的主要驱动因子。其动态表明，整个研究区景观类型的斑块破碎化持续增加，连通性整体下降，景观优势度降低，景观趋于均匀化。大多数林地斑块被分割，导致斑块数量增加；落叶阔叶林则更为敏感地响应干扰的强度与延伸，表现为大数量小规模分散的分布格局。研究结果反映了在有一定强度干扰的异质性高山峡谷景观中，人类活动的结果使其不断破碎化。

Chapter Five 基于元胞自动机模型的景观格局动态模拟

5.1 研究目的

在前一章景观格局动态变化分析的基础上，本章将进一步研究景观格局动态模型，以便模拟、分析景观格局的动态变化过程，并预测其未来变化的情景，为景观的管理和规划提供依据，是城乡景观生态规划由定性分析向定量模拟发展的一个重要方向。

景观是由相互作用的生态系统空间镶嵌组成的异质区域，具有空间异质性、地域性、可辨别性、可重复性和功能一致性等特征，它构成复杂开放巨系统，景观格局与生态过程有密切关系[1,4,76-78]。而元胞自动机方法是一种可在计算机上模拟复杂系统的动态模型。目前，元胞自动机已广泛应用于各种复杂的环境系统和生态系统；也被广泛地应用于工程和工业系统研究领域，近年模拟地理系统取得很大进展[79-84]，但用来模拟景观动态变化的尚不多见[85-90]。

元胞自动机模型(Cell Automatic，CA)具备强有力的自组织机制，采用元胞自动机模拟景观格局动态变化是适宜的。建立元胞自动机模型的关键在于邻域转换规则的确定，而目前往往采用启发式的方法来确定 CA 的转换规则，这些转换规则多为静态的，而且其参数值多是确定的，在反映诸如景观动态变化等不确定性复杂现象时，有一定的局限性。

景观的动态变化在微观上受到元胞聚集效应的影响，在宏观上受到社会、政治、经济乃至文化等复杂因素的影响，既随时间变化又随地理位置不同而变化；同时，景观本身的变化也有一定的随机因素。这些因素的信息往往是不完全的，因而景观生态系统可以归为信息不完全的灰色系统[91-94]。本书用灰色局势决策方法确定邻域转换规则，既可随时间变化又可随地理位置不同而变化，比较能适应景观的复杂变化。

5.2 构建元胞自动机的方法

一般元胞自动机定义为：

$$A = (L_d, S, N, f)$$

上式表述了元胞自动机的四要素。其中 L_d：d 维元胞空间；S：元胞有限的离散的状态集合；N：一个所有邻域内元胞的集合(包括中心元胞)；f：中心元胞与邻域元胞间的转换规则。

本书研究二维元胞自动机，即 $d=2$ 的情况，采用 Moore 邻域，中心元胞的邻域共有 8 个元胞。采用元胞自动机考察区域的景观格局的动态变化，即扩展为面向实际地理对象的元胞自动机，因而应扩展元胞的空间、状态及其转换规则和时间。

元胞与元胞空间的扩展。元胞空间不再是抽象的空间，而与实际地理空间相对应，并可以抽象为二维的地域或研究区。每一个元胞都具有地理含义，表示一定大小的景观单元。

元胞状态的扩展。地理元胞可以有多种状态，其状态定义为表征地理实体或现象的指标(生态重要性、土地适宜性等)、景观类型(水域、农地、林地、滩涂或者城镇用地)、等级(如土地质量)等属性的集合。

元胞状态转换规则的扩展。转换规则可以视为景观格局的动态变化在微观上体现出来的变化规律。由于动态演化十分复杂，除受局部个体间相互作用的影响外，还受各种宏观的政治、经济及社会因素的影响，因此，CA 模型中状态转换规则必须兼顾微观与宏观社会经济因素，建立综合的多层次规则。而且规则在元胞空间和时间上是不同构的，应该随区域差异和时间而调整。

时间概念的扩展。CA 模型中的模拟时间必须和景观格局动态变化的真实时间建立对应关系，否则，建模就失去了利用价值。一般采用历史数据来建立两者之间的联系。

由此可见，构建面向实际地理对象的元胞自动机必须解决的核心与关键问题就是：状态转换规则的建立和模拟时间的校准。状态转换规则的研究一直是元胞自动机应用最关注的问题，国内外对邻域元胞转换规则的确定进行了不少研究，例如用转换矩阵确定模型参数[95]；用多准则判断(MCE)方法确定模型的参数[96]；用层次分析法(AHP)确定模型的参数[97]；用模糊集的方法确定模型的参数[98]；用主成分分析[99]；人工神经网络模型[100]；数据挖掘决策树[101]；从高维特征空间中获取非线性转换规则[102]；基于粗集的知识发现转换规则[103]等非线性方法确定模型的参数值等。这些转换规则多为静态的，不随时间和区域内空间位置的不同而变化；而且其参数值多是确定的，在反映诸如城市扩张、景观变化等不确定性复杂现象时，有一定的局限性。本书根据灰色分析理论探讨状态转换规则的建立。

5.3 灰色局势决策

景观格局变化的信息是不完全的，相对而言，信息不完全就是“灰”[91]。鉴于干扰景观格局变化的因素很多，且常常随时间变化，不同时间上某种因素的作用大小也不一样，因此，采用灰色分析方法考察景观格局的变化符合景观格局变化的特点。灰色局势决策中事件指的是要处置的对象，对策指的是处置的方法、手段及途径；局势指的是事件和对策二者的结合[91-92]。

5.3.1 单目标化局势决策步骤

第一步，根据事件集和决策集构建局势集。

事件集和对策集定义为：

$$\text{事件集 } A=\{a_1,\ a_2,\ \cdots,\ a_N\}$$
$$\text{对策集 } B=\{b_1,\ b_2,\ \cdots,\ b_M\}$$

局势集定义为：

$$\text{局势集}=S=A\times B=\{s_{ij}=(a_i,\ b_j)\mid a_i\in A,\ b_j\in B\}$$

第二步，确定决策目标。

$$k=1,2,\cdots,s$$

第三步，求效果样本矩阵。

对目标 $k=1,2,\cdots,s$ 求相应的效果样本矩阵：

$$U^{(k)}=(u_{ij}^{(k)})=\begin{bmatrix} u_{11}^{(k)} & u_{12}^{(k)} & \cdots & u_{1m}^{(k)} \\ u_{21}^{(k)} & u_{22}^{(k)} & \cdots & u_{2m}^{(k)} \\ \cdots & \cdots & \cdots & \cdots \\ u_{n1}^{(k)} & u_{n2}^{(k)} & \cdots & u_{nm}^{(k)} \end{bmatrix}$$

第四步，计算一致效果测度。

效果测度指对各个局势所产生的实际效果进行比较的量度。根据决策目标评价尺度的不同，效果测度有三种计算方式：

$$r_{ij}^{(k)} = \begin{cases} u_{ij}^{(k)}/(\max\limits_{i}\max\limits_{j}\{u_{ij}^{(k)}\}) \text{ 上限效果测度} \\ (\min\limits_{i}\min\limits_{j}\{u_{ij}^{(k)}\}/u_{ij}^{(k)}, \text{下限效果测度} \\ u_{i_0j_0}^{(k)}/(u_{i_0j_0}^{(k)} + |u_{ij}^{(k)} - u_{i_0j_0}^{(k)}|, \text{适中效果测度} \end{cases}$$

效果测度反映偏离度，在单目标局势决策问题中，对于希望效果样本值“越大越好”“越多越好”这类目标，可采用上限效果测度；对于希望效果样本值“越小越好”“越少越好”这类目标，可采用下限效果测度；对于希望效果样本值“既不太大又不太小”“既不太多又不太少”这类目标，可采用适中效果测度。

求 k 目标下的一致效果测度：

$$R^{(k)} = (r_{ij}^{(k)}) = \begin{bmatrix} r_{11}^{(k)} & r_{12}^{(k)} & \cdots & r_{1m}^{(k)} \\ r_{21}^{(k)} & r_{22}^{(k)} & \cdots & r_{2m}^{(k)} \\ \cdots & \cdots & \cdots & \cdots \\ r_{n1}^{(k)} & r_{n2}^{(k)} & \cdots & r_{nm}^{(k)} \end{bmatrix}$$

第五步，确定各目标的决策因素的权重。

各目标决策因素权重 $\eta_1, \eta_2, \cdots, \eta_s$ 的确定十分关键，下面单独讨论。

第六步，将多目标决策综合为单目标决策。

由 $r_{ij} = \sum\limits_{k=1}^{s} \eta_k \cdot r_{ij}^{(k)}$ 可求得综合效果测度矩阵

$$R = (r_{ij}) = \begin{bmatrix} r_{11} & r_{12} & \cdots & r_{1m} \\ r_{21} & r_{22} & \cdots & r_{2m} \\ \cdots & \cdots & \cdots & \cdots \\ r_{n1} & r_{n2} & \cdots & r_{nm} \end{bmatrix}$$

第七步，确定最优局势。

从事件 a_i 的各种对策 $b_j(j = 1,2,\cdots,m)$ 中，找出最佳效果的对策，称为行决策。以选择上限效果测度为例，综合效果测度矩阵中行的最大元所对应的局势即为最优局势。

也可以从对策 b_j 对应的各个事件 $a_i(i = 1,2,\cdots,n)$ 中，找出最佳效果的事件，称为列决策。以选择上限效果测度为例，综合效果测度矩阵中列的最大元所对应的局势即为最优局势。

5.3.2 决策因素权重的确定

各目标决策因素权重可根据层次分析法(Analytic Hierarchy Process，AHP)确定。其主要步骤为：明确问题范围、所涉及的因素和各因素之间关联；建立层次结构模型；构造判断矩阵；层次单排序，归结为计算判断矩阵的特征根和特征向量问题；层次总排序；一致性检验。对层次单排序及层次总排序都要进行一致性检验。以层次单排序为例，先要计算判断矩阵的一致性指标：

$$CI = \frac{\lambda_{max} - n}{n - 1}$$

其中 n 是判断矩阵的阶数，λ_{max} 是判断矩阵的最大特征根。若判断矩阵的随机一致性比例 $CR = CI/RI < 0.10$ 时，就认为判断矩阵具有满意的一致性；其中 RI 为同阶的平均随机一致性指标。

5.4 模拟过程[104]

依据上述方法，采用基于灰色局势分析的元胞自动机模型研究本区域的景观格局动态变化。研究的目的与城市扩展动态模型研究类型不一样，并非着重城市单元的扩展而在于景观类型的转换。

采用的数据资料有 1994 年和 2004 年 Landsat TM 多光谱遥感影像。经同期土地利用详查资料和典型区野外实地抽样调查验证，解译精度为 89%。利用地理信息系统软件对景观结构动态变化进行数据处理，最后计算各景观组分的各种景观指数，以反映研究区各景观组分的空间分布特征。参照全国土地利用分类方法及本研究区实际情况，将原景观类型归并为林地、灌木丛、荒草地、耕地、水域、滩涂和城镇等 7 类。

5.4.1 元胞自动机模型的元胞

元胞空间面向地理实体，将 1994 年和 2004 年的研究区景观类型图加以栅格化，每个栅格尺寸为 100m×100m。一个栅格即一个元胞，它包含地理属性，如经度、纬度、海拔高度、坡度、向阳(阴)、土壤、土地利用类型等；生物属性，如植被、演替规律等。

5.4.2 元胞的状态

元胞的初始状态对应于景观类型的初始状态，即下述的事件集。而对策集则为元胞经过转换规则运行后元胞的状态。

5.4.3 元胞的转换规则

转换规则采用灰色局势决策方法。研究区域景观类型有上述 7 类，其中滩涂和水域变化情况不大，基本没发生与其他景观类型间的相互转换，城镇也不会转换为其他类型，所以不作为研究的事件。而林地、灌木地、荒草地、耕地则相互转换并可转换为城镇。因而

事件集 A = { $a_1, a_2, \cdots, a_N$, 为所有状态为林地、灌木林、荒草地、耕地的元胞}

对策集 B = { b_1, b_2, b_3, b_4, b_5 为林地、灌木林、荒草地、耕地、城镇}

对于元胞 a_i 有局势 s_{i1} = { a_i,林地} ，s_{i2} = { a_i,灌木林} ，s_{i3} = { a_i,荒草地} ，s_{i4} = { a_i,耕地} ，s_{i5} = { a_i,城镇} 。有 N 个元胞，故共有 $3N$ 个局势。

如上述元胞的转换既有宏观因素也有微观因素，既要考虑生态系统本身演变规律，又要考虑人类活动的干扰。本研究区生态系统脆弱，易受自然灾害和人类活动的影响，而人类活动的干扰是导致该区景观格局变化的主要因素。

在一般的灰色局势决策中的目标，对于景观格局变化应作为影响元胞转换的因素来看待。本书主要考虑三种因素(表 5-1)。

表 5-1 影响元胞转换的因素

	因素 1：元胞邻域的聚集程度	因素 2：元胞的土地适宜性程度	因素 3：人类活动的影响程度
意义	中心元胞受周围元胞影响产生的聚集效应	用土地适宜性评价等级度量	综合表示人类社会、经济、政治及人文等因素的影响，用影响程度评价等级度量
表示其数值大小的符号	其数值用中心元胞邻域中具有同类景观类型元胞总数表示(本书采用摩尔邻域)。用 $u_{i1}^{(1)}$ 表示第 i 个元胞邻域为有林地的元胞个数；$u_{i2}^{(1)}$ 表示第 i 个元胞邻域为灌木林的元胞个数；$u_{i3}^{(1)}$ 表示第 i 个元胞邻域为荒草地的元胞个数；$u_{i4}^{(1)}$ 表示第 i 个元胞邻域为耕地的元胞个数；$u_{i5}^{(1)}$ 表示第 i 个元胞邻域为城镇用地的元胞个数	用 $u_{i1}^{(2)}$ 表示第 i 个细胞若为林地其适宜性评价等级；$u_{i2}^{(2)}$ 表示第 i 个细胞若为灌木林其适宜性评价等级；$u_{i3}^{(2)}$ 表示第 i 个细胞若为荒草地其适宜性评价等级；$u_{i4}^{(2)}$ 表示第 i 个细胞若为耕地其适宜性评价等级；$u_{i5}^{(2)}$ 表示第 i 个细胞若为城市用地其适宜性评价等级	用 $u_{i1}^{(2)}$ 表示第 i 个细胞若为林地其人类活动的影响评价等级；$u_{i2}^{(2)}$ 表示第 i 个细胞若为灌木林其人类活动的影响评价等级；$u_{i3}^{(2)}$ 表示第 i 个细胞若为荒草地其人类活动的影响评价等级；$u_{i4}^{(2)}$ 表示第 i 个细胞若为耕地其人类活动的影响评价等级；$u_{i5}^{(2)}$ 表示第 i 个细胞若为城市用地及人类活动的影响评价等级

由此可以形成效果样本矩阵，再根据上限效果测度计算 k 目标下的一致效果测度。继而将多目标的一致效果测度，根据上述三因素的权重将多目标综合为单目标决策。最后，按照综合效果测度矩阵进行行局势决策。

景观类型的相互转换是很复杂的，不可能依照数学模型作确定性的转换，所以还要在计算中考虑元胞转换的随机性。每个元胞具体如何转换由蒙特卡罗法确定。蒙特卡罗法也称统计模拟方法，它的基本思想是：当所求解问题是某种随机事件出现的概率，或者是某个随机变量的期望值时，通过某种“实验”的方法，以这种事件出现的频率估计这一随机事件的概率，或者得到这个随机变量的某些数字特征，并将其作为问题的解。

由上述可见，邻域元胞转换规则取决于三因素及其权重，而它们是随着地理空间位置不同而改变，同时也可随时间不同而改变。例如，在不同的时间阶段，不同的元胞的三因素可以有不同的权重，从而构成不同的转换规则，元胞也会有不同的转移趋向，使本方法比较能适应本区域景观格局动态变化的复杂性。

5.5 动态模拟结果[104]

5.5.1 模拟时间的对应

模拟循环的轮数应与实际时间对应。1994 年景观现状图经过 20 轮模拟计算，其各类型景观的面积及景观指数与 2004 年景观现状基本相符，见图 5-1(a)(b)及表 5-2~表 5-4。以此作为时间参照。由于研究区内耕地、荒草地面积分别占总面积的 3.4% 和 2.1%，因此模拟误差较大，而占景观主体的有林地和灌木林相符极好。特别是景观层面上的景观指数相符甚好，说明利用上述 CA 方法能够较好地模拟和预测景观的动态变化过程。

图 5-1 2004 年景观格局（a）现状图（b）模拟图

表 5-2 各类型景观面积模拟值与实际值的比较 单位：km^2

	2004 年模拟面积 2004 year simulated area	2004 年实际面积 2004 year actual area	相对误差(%) relative error(%)
林地 woodland	1500. 54	1424. 57	-5. 33
灌木林 shrubbery	1157. 31	1181. 87	2. 08
耕地 farmland	70. 46	94. 16	25. 17
荒草地 waste grassland	40. 41	56. 93	29. 02
城镇 town	0. 79	0. 79	0
合计 total	2756. 44	2756. 44	

表 5-3 2004 年(实际)景观指数及其与模拟值的比较(斑块水平)

景观指数 landscape index	FI		LPI		CI	
	实际值 actual value	模拟值 simulated value	实际值 actual value	模拟值 simulated value	实际值 actual value	模拟值 simulated value
林地 Woodland	0. 0252	0. 0224	14. 584	52. 26	99. 67	99. 93
灌木林 Shrubbery	0. 0355	0. 0371	19. 259	16. 14	99. 79	99. 7
耕地 Farmland	0. 1915	0. 2428	0. 219	0. 205	95. 24	94. 3
荒草地 waste grassland	0. 2542	0. 4528	0. 1726	0. 069	90. 76	90. 56
城镇 Town	0. 2531	0. 1266	0. 0279	0. 029	93. 64	94. 5

表 5-4 2004 年(实际)景观指数和它与模拟值的比较(景观水平)

景观指数 landscape index	FI	AI	LPI	CI	DI
2004 年 实际值 2004 year actual value	0. 4107	94. 4179	52. 2592	99. 8269	0. 4398
2004 年 模拟值 2004 year simulate value	0. 4274	93. 8076	19. 2588	99. 6894	0. 3348

注：表中景观指数来自邬建国[3]，FI 破碎度指数(Fragmentation Index)；AI 聚集度指数(Aggregation Index)；CI 结合度指数(Patch Connection Index)；LPI 最大斑块指数(Largest Patch Index)；DI 优势度指数(Dominance Index)；SHDI 香农多样性指数(Shannon's Diversity Index)。

2004 年模拟值 LPI 之所以与实际值有较大差异，是因为运算中聚集作用较强以致较小斑块聚集为较大斑块，使得最大斑块指数变大；而聚集作用有随机因素，很难加以调整。

为了对空间相关性进行验证，利用 ENVI 软件采用最大似然法进行分类，并计算分类混淆矩阵和 Kappa 指数检验分类精度，结果表明：2004 年景观现状图的 Kappa 指数为 0. 868，2004 年景观模拟图的 Kappa 指数为 0. 756，二者均达到最低允许判别精度 0. 7 的要求[91-92]。而且二者的相对误差 <12. 9%，说明二者的空间相关性是符合要求的。

5.5.2 研究区景观生态情景预测

按照上述方法，预测了三种状况下研究区景观的动态变化，其面积变化见表5-5。

表5-5 2014年各种模拟情景与2004年各景观类型实际面积比较 单位：km^2

景观指数 landscape index	2004年(实际值) 2004 year (actual value)	2014年(现有模式) 2014 year (current mode)	2014年(聚集模式) 2014 year (concentrated mode)	2014年(生态模式) 2014 year (ecological mode)
林地 woodland	1424.57	1396.24	1397.30	1532.85
灌木林 shrubbery	1181.87	1219.13	1221.40	1095.43
耕地 farmland	94.16	95.38	93.88	92.07
荒草地 waste grassland 4	56.93	44.04	43.01	35.14
城镇 town	0.79	0.86	0.85	0.86
合计 total	2756.44	2756.44	2756.44	2756.44

“现有模式”指按照1994年至2004年的演变方式不变。此时，各因素的权重由层次分析法确定。结合研究区景观的实际情况，由专家打分，确定各个因素之间的相对重要性，从而组成判断矩阵如下：

$$\begin{bmatrix} & r_1 & r_2 & r_3 \\ r_1 & 1 & 1/3 & 1/3 \\ r_2 & 3 & 1 & 1 \\ r_3 & 3 & 1 & 1 \end{bmatrix}$$

其中，“1”表示 r_i 和 r_j 具有相同的影响程度，“3” 表示 r_i 比 r_j 影响程度大一些。上述判断矩阵表明按照“现有模式”情景，土地适宜度和人为因素影响程度相同，都比聚集度影响大。下面检验判断矩阵的一致性。用方根法求出此判断矩阵的最大特征根 $\lambda_{max} = 3$，则 $CI = (\lambda_{max} - n)/(n-1) = (3-3)/(3-1) = 0$，而平均随机一致性指标 RI 在矩阵为3阶时取值为0.58，故 $CR = CI/RI = 0$。层次分析法中用 CR 检验判断矩阵的一致性的好坏程度，当 $CR < 0.1$ 时，认为该矩阵具有较好的一致性，此时与矩阵最大特征值 λ_{max} 对应的特征分量便可作为所求因素的权重值。由于上述判断矩阵 $CR = 0 < 0.1$，具有极好的一致性，所以 λ_{max} 对应的特征分量 $\eta = (0.1429, 0.4286, 0.4286)$ 便可作为聚集度、土地适宜度和人为因素的权重值。

按照现有模式不作任何改变继续演变，经过20轮循环，也即2014年的预测情景，见表5-6和图5-2(a)。

表 5-6　2014 年以现有模式演变模拟的各景观类型指数(景观水平)

景观指数 landscape index	FI	AI	LPI	CI	DI
林地 Woodland	0. 0336	97. 31	14. 52	99. 70	0. 3564
灌木林 Shrubbery	0. 0361	96. 07	20. 81	99. 82	0. 3892
耕地 Farmland	0. 1684	92. 71	0. 32	96. 37	0. 0728
荒草地 waste grassland	0. 4966	90. 25	0. 21	94. 25	0. 0301
城镇 Town	0. 1176	97. 87	0. 03	94. 73	0. 0004

以聚集效应为主演变，也就是在演变中增加聚集因素权重的概率，即减少现有模式中人类活动影响，增加生态系统自然演变的机会。此时判断矩阵如下：

$$\begin{bmatrix} & r_1 & r_2 & r_3 \\ r_1 & 1 & 3 & 5 \\ r_2 & 1/3 & 1 & 3 \\ r_3 & 1/5 & 1/3 & 1 \end{bmatrix}$$

用方根法求出此判断矩阵的最大特征根 $\lambda_{max} = 3.039$ ，则：

$$CI = (\lambda_{max} - n)/(n - 1) = (3 - 3.039)/(3 - 1) = 0.019$$

而平均随机一致性指标 RI 在矩阵为 3 阶时取值为 0. 58，故 $CR = CI/RI = 0.032 < 0.1$，认为该矩阵具有较好的一致性，此时与矩阵最大特征值 λ_{max} 对应的特征分量 $\eta = (0.6370, 0.2583, 0.1047)$ 便可作为聚集度、土地适宜度和人为因素的权重值。

经过 20 轮循环，也即 2014 年的预测情景，见表 5-7 和图 5-2(b)。

表 5-7　2014 年以聚集模式演变模拟的各景观类型指数(景观水平)

景观指数 landscape index	FI	AI	LPI	CI	DI
林地 Woodland	0. 0343	96. 79	14. 5217	99. 69	0. 3582
灌木林 Shrubbery	0. 0368	95. 18	33. 3868	99. 86	0. 3921
耕地 Farmland	0. 1808	90. 74	0. 3043	95. 92	0. 0610
荒草地 waste grassland	0. 3953	86. 48	0. 1817	92. 84	0. 0238
城镇 Town	0. 1176	97. 78	0. 0325	94. 79	0. 0004

以人工干预保护生态环境为主演变，也就是增加人工保护生态环境的权重。此时判断矩阵如下：

$$\begin{bmatrix} & r_1 & r_2 & r_3 \\ r_1 & 1 & 1/3 & 1/5 \\ r_2 & 3 & 1 & 1/3 \\ r_3 & 5 & 3 & 1 \end{bmatrix}$$

类似地，特征分量 $\eta=(0.1047, 0.2583, 0.6370)$ 便可作为聚集度、土地适宜度和人为因素的权重值。经过 20 轮循环，也即 2014 年的预测情景，见表 5-8 和图 5-2(c)。

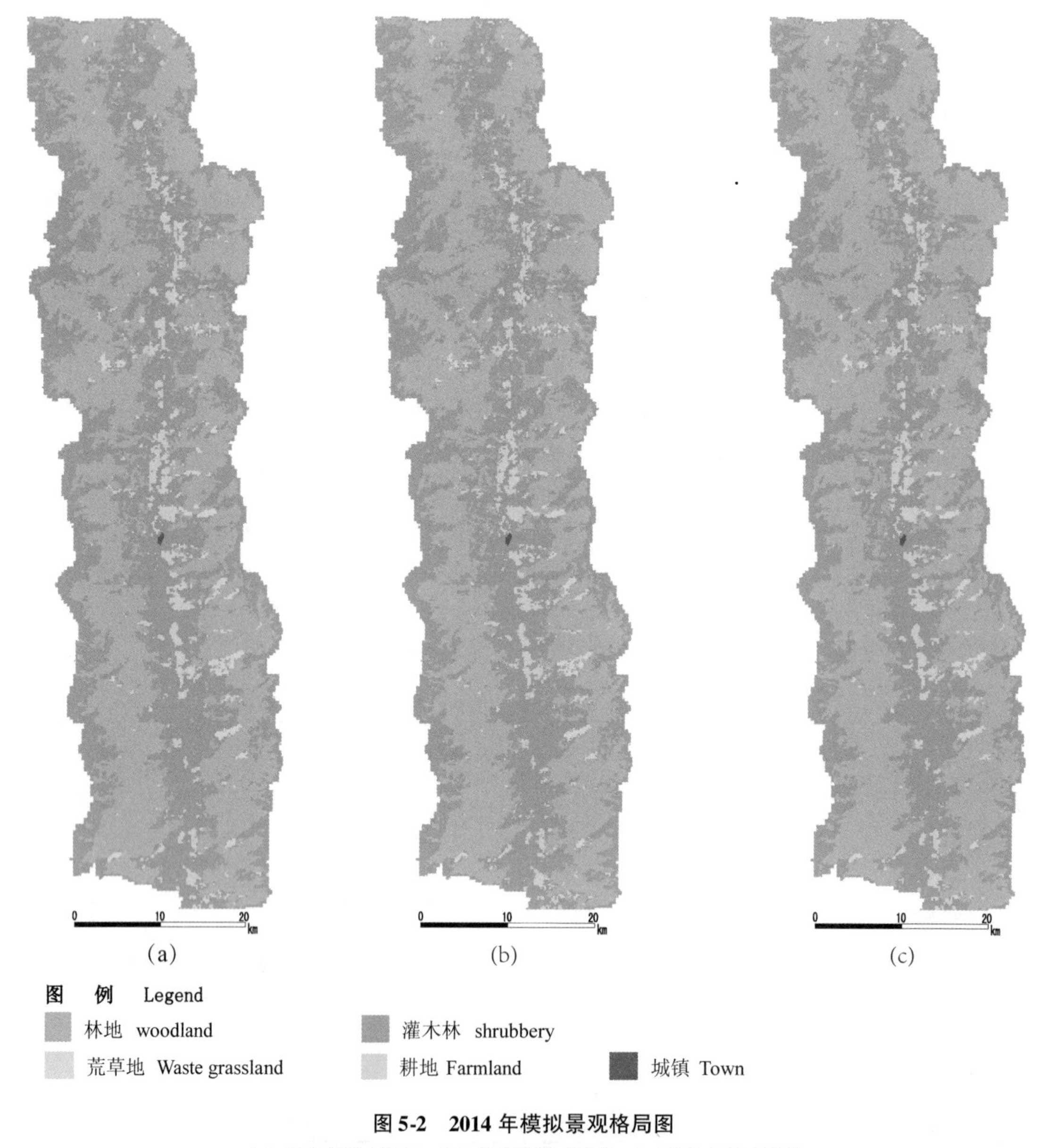

图 5-2 2014 年模拟景观格局图

(a) 按现有模式演变 (b) 按聚集模式演变 (c) 按生态模式演变

表 5-8 2014 年以人工干预保护模式演变模拟的各景观类型指数(景观水平)

景观指数 landscape index	FI	AI	LPI	CI	DI
林地 Woodland	0.0242	97.50	16.43	99.76	0.4821
灌木林 Shrubbery	0.0401	95.76	13.85	99.72	0.3147
耕地 Farmland	0.1739	92.76	0.32	96.41	0.0525
荒草地 waste grassland	0.3023	90.03	0.10	93.52	0.0116
城镇 Town	0.1176	97.66	0.03	94.66	0.0004

表 5-9 列出景观水平上，2004 年实际景观指数与 2014 年按各种演变模拟情景的景观指数比较。

表 5-9 2004 年实际景观指数与 2014 年按各种演变模拟情景的景观指数比较(景观水平)

景观指数 landscape index	FI	AI	LPI	CI	DI
2004 年(实际值) 2004 (actual value)	0.4274	93.8076	19.2588	99.6894	0.3348
2014 年(现有模式) 2014 year (current mode)	0.4677	96.4881	20.8105	99.7376	0.3267
2014 年(聚集模式) 2014 year(concentrated mode)	0.4597	95.7019	33.3868	99.7651	0.3127
2014 年(生态模式) 2014 year(ecological mode)	0.4002	96.5535	16.4316	99.7029	0.4779

* 景观指数含义与上面相同。

5.6 结果分析[104]

由上述图 5-2(a)~(c)及表 5-5 ~ 表 5-9 可以看出，依据 CA 的方法，可以模拟不同状态下景观的动态发展状况。

5.6.1 现行模式的继续演变

表 5.5 假设研究区景观情景按照近十年的现状模式不作任何改变继续演变，经过 20 轮循环，也即 2014 年的预测情景，见图 5-2(a)。可以看出，林地将进一步减少，灌木林、耕地和城镇用地面积将进一步增加，使得景观破碎化程度进一步增加，景观中灌木林、耕地和城镇用地的聚集程度增加，林地作为主要的生态系统，其控制程度减弱，景观多样性降低。这说明按照原有模式演变下去，则耕地面积的增加意味着毁林开荒和陡坡种植状况未得到改善，将继续对生态环境造成破坏进而造成生态环境继续恶化。

5.6.2 聚集效应为主的演变

表5.6假设研究区景观演变情景以聚集效应为主，也就是在演变中增加聚集因素权重及其出现概率，即减少现有模式中人类活动的影响，增加生态系统自然演变的机会，较小的斑块演替为周围较大的斑块。经过20轮的循环，到2014年的预测情景，如图5-2(b)所示，可以看出林地和荒草地继续减少，而耕地则逐渐减少，并自然演替为灌木林，导致灌木林面积持续增加，城镇面积则仍在增加。其结果是景观的破碎化程度较上一模式低，但仍趋于破碎化，林地的聚集程度有一定增加，作为主要的生态系统其控制程度有所增强，景观趋于多样化和均匀化。说明聚集模式虽然减少了人类活动的干扰，但植物的自然演替需要相当漫长的过程，生态环境的恢复十分缓慢。

5.6.3 生态保护状态下的演变

表5.7则假设人们在保护的状态下生态环境的演变，经过20轮的循环，也即2014年预测情景，如图5-2(c)所示。可以看出林地持续增加，而灌木林、耕地、荒草地减少，城镇依据人口的发展持续发展。其结果是景观的破碎化程度降低而聚集度增加，林地在景观中的控制程度增加，景观的结合度较好，而景观多样性降低。说明加强生态保护以后，林地的优势景观类型得到加强，而各个类型斑块连接度加强，破碎程度减弱，生态环境朝恢复方向发展。

5.7 小结

景观格局的动态模拟是景观生态规划的重要依据，本章通过基于灰色局势决策的元胞自动机模型模拟了景观格局的动态变化，并预测了未来发展的情景，得到了如下结论：

(1)CA模型预测的可行性

从上述结果可以看出，现行模式、聚集效应为主的演变、生态保护状态下的演变等模拟未来发展的三种情景不但模拟了微观景观单元的自组织机制，而且在一定程度上反映了宏观的社会经济因素影响，因而更具有针对性、典型性及准确性。模拟结果表明基于灰色局势决策的元胞自动机用于景观格局动态变化的预测是可行的，对景观动态变化有直观的认识，有助于景观生态规划的制定。

(2)CA模型模拟和预测的特点

就构建动态模型而言，基于灰色局势决策的元胞自动机方法对景观动态进行模拟和预测，其特点和优势是明显的。CA模型是立足于复杂系统的特征去模拟和描述复杂性的，将复杂连续系统作离散化处理，使复杂的问题得以简化，同时也可以进行一系列数学分析。同时，CA模型是用元胞作为基本单元描述复杂系统的整体行为，演化的规则可以预设并通过计算机来完成，具有直观性及可控性。

(3)CA模型邻域元胞转换规划的确定

构建CA模型的核心是邻域元胞转换规则的确定。

本书用灰色局势决策方法确定邻域转换规则。在该方法中邻域转换规则既可随时间变化又可随生境地理空间位置不同而变化，表征了复杂系统“确定性中的内在随机性”，比较能适应景观的复杂变化。此外，统计学需要概率分布，证据理论需要基本概率赋值，模糊集理论需要隶属函数，灰色系统理论则不需要关于数据的任何预备的或者额外的知识，能够在数据较为缺乏的情况下，研究某种生态过程(如干扰或物质扩散)在景观空间里的发生、发展和传播，从而模拟整个研究区的景观格局变化过程。

(4)人为干扰对景观格局及生态服务功能的影响显著

通过对未来十年现行模式的继续演变、聚集模式的演变和生态保护状态下的演变状况的模拟，表明了人为干扰对景观格局及生态服务功能影响是显著的，对生态环境造成较大影响，是城乡景观生态规划制定的重要依据。

Chapter Six 生态重要性评价

6.1 研究目的

区域生态系统具有保护生物多样性、涵养水源、维持土壤肥力与营养物质循环，保持水土、固定 CO_2等多种生态服务功能，而一个区域所包含的多种多样的生态系统在其中所发挥的作用是不同的，即生态重要性不同。如王如松、欧阳志云等在海南省自然保护区发展规划过程中，运用地理信息系统技术、结合景观生态学原理，在综合分析海南植被、土地利用状况，生态系统类型及其空间特征和生态服务功能评价等的基础上，明确了不同区域及地理单元的生态功能重要性[105]。

高山峡谷区域由于高山、峡谷纵横交错，生态环境复杂多变，可将其视为复杂的景观生态系统。因此，生态重要性分析成为高山峡谷区城乡生态规划的核心，生态重要性标志着某一区域(或区段)对维持地区生态安全的重要程度[106]，其目的是根据高山峡谷区特殊的生态系统和滑坡、泥石流等自然灾害的资源与环境特点，结合水土保持、生物多样性保护和生态敏感区域的保护等功能，划分生态系统的重要性等级，为生态功能区划奠定基础。

本章将根据研究区的具体特点，对整个区域作出生态重要性评价，作为生态功能区划的科学依据。

6.2 生态重要性评价方法

6.2.1 方法的选择

研究区由于山高谷深、高差悬殊，海拔垂直地带性表现强烈，气候、土壤和植被类型复杂多样，为区内自然地理景观、生态环境和生物多样性的形成创造了条件。从谷底到山巅具珍稀种、孑遗种和特有种三者兼备的优势，是难得的寒、温、热 3 个气候带均备的物种基因库，是云南省生物多样性最为丰富的区域之一。但由于地形狭窄、谷坡陡峻，生态环境极具脆弱性，使城乡建设、农业生产、工矿企业和交通水电等各项建设均受到制约，滑坡、泥石流等自然灾害频繁，影响生态环境质量的因子较为复杂。因此生态重要性的评价拟采用单因素叠置法与逻辑规则组合法相结合，针对评价因子之间存在的复杂关系，运用逻辑规则建立生态重要性分析准则，再以此为基础进行判别分析，通过地理信息系统技术的应用，得出最终的重要性评价结果。

6.2.2 生态重要性评价的流程

针对本区域的特点，将从土壤侵蚀敏感性评价和生境敏感性评价两个方面分别进行分析评价，并进行综合以得到本区生态重要性评价结果。其流程详如图 6-1 所示：

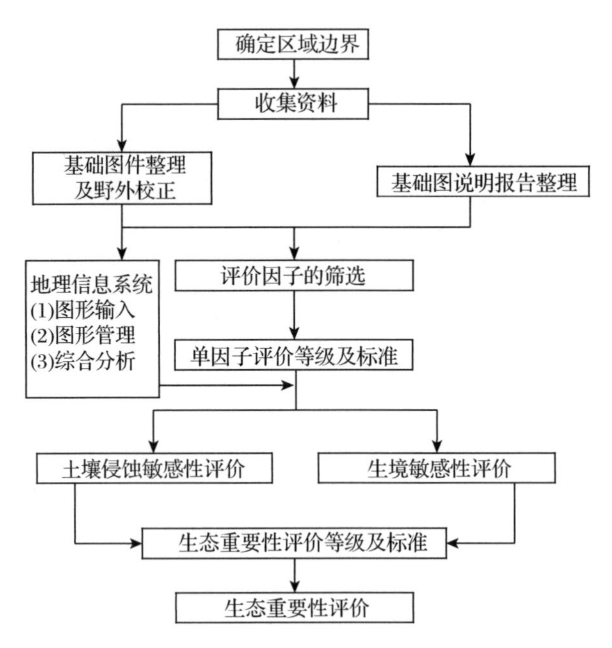

图 6-1　研究区生态重要性评价流程图

6.2.3　土壤侵蚀敏感性评价方法

（1）单因子选择及评价方法[107]

涉及土壤侵蚀的因素包括气候、水文、地形地貌、土壤和植被、水土保持措施等自然和人文的因素。参照通用土壤侵蚀方程结合本研究区域的特点，并结合 3S 技术分析的可行性研究，确定研究区土壤侵蚀敏感性评价的因子如下：

①降水侵蚀力（R）

降水侵蚀力是触发土壤侵蚀最重要的自然因子，它反映了降雨对土壤侵蚀的影响。在土壤质地因子和地表覆盖因子相同的条件下，降雨量越大土壤侵蚀敏感性等级越高。在一般情况下，单点暴雨对降雨侵蚀的影响程度最大。

本区水资源较为丰富，年均降水量一般在 1300～1600mm 之间，降水多且集中，5—10 月降水量占全年降水量的 80%，降水是地表径流的来源，成为地面侵蚀的直接动力。怒江及其支流水量大、水流湍急，侵蚀能力极强，强烈并不断进行着上升运动。陡峭而高大的山体在植被保护下，山体基本上处于相对稳定，但是随着河流的深切，河流或溪流两侧的山体极易崩塌，若不加注意，破坏了两岸的植被，这种崩塌和垮落的现象更易出现；另外，过多和集中的降水，又是滑坡与泥石流强烈活动的前提。因此将降雨量作为本区土壤侵蚀敏感性评价的一个重要因子。

按照表 6-1 的分级标准，根据研究区的情况，降雨量的大小以云南省水文站研制的 1∶50万多年平均降雨量等值线图为主要取值依据，从中剪切出研究区部分，结合分级标准，得到降雨量分布图（图 6-2）。根据研究区年平均降雨量等值线图可以看出，研究区的年降水量的范围大致为 1200～4000mm/年。根据研究区多年平均降雨量，结合土壤侵蚀敏感性评价标准，对本区多年降雨量图进行重新赋值，得出了研究区降雨侵蚀力敏感等级图。利用 Arcview3.2 和 Excel 的统计功能，绘制出相关的统计表和柱状图（图 6-3～图 6-6 、表 6-4）。

②地形(LS)

地形起伏度是导致土壤侵蚀最直接的因素，地形起伏度是指地面一定距离范围内最大的高程差，它反映了坡度、坡长等地形因子对土壤的综合影响，也反映了地形对土壤侵蚀的影响，是导致土壤侵蚀最直接的因素，它包括坡度(S)和坡长(L)，其中主要影响因子为坡度。一般来讲，在其他因子条件相同的情况下，大于300m的地形起伏土壤侵蚀量最大。

研究区由于第四纪以来的间歇性抬升作用，河谷以上山坡或山腰上发育有多级剥蚀台地，从高海拔到低海拔大体可以分为四级，第一级海拔3000m以上，第二级2500~3000m，第三级2100~2500m，第四级1700~2100m，在不同夷平面上分布有大量残积层、风化物。怒江两岸地势险峻，多见悬崖绝壁，雄关要隘和急流险滩，山地比重大，地形陡峭，坡陡谷深，坡地重力灾害性景观广泛发育。坡度大而坡长短，水土极易发生流失，因此将地形作为本区土壤侵蚀敏感性评价的另一个重要因子。

本研究主要采用地形起伏度值(地面一定距离范围内最大高差)作为土壤侵蚀敏感评价的地形指标，以研究区1:5万的数字高程模型DEM上的栅格点作为目标栅格，在ARC/NFO软件GRD模块的支持下，利用FOCALRANGE函数提取地形起伏度值，主要采用5*5为单位的分析窗口对全图逐栅格求取高差，求得地形起伏度的栅格数字矩阵，用GRD中INT函数，将提取结果转换成整形，再利用GRD模块中RECALSS函数按照分级标准重新赋值，最后将GRD格式转换为COVERRAGE格式，以SHP格式保存，得到坡度因子敏感等级分区图(图6-7)。

③土壤质地因子(K)

土壤因子对土壤侵蚀的影响主要与土壤质地有关，不同的土壤，由于其性质不同，特别是由于成土母质的来源不同，可表现出不同的可蚀性状况，用土壤K值来表示，因此，土壤的结构系数与水稳性指数指示了土壤侵蚀的严重程度。土壤质地K是土壤侵蚀的抗性因子，与人类活动关系不大，K值的大小与土壤机械组成和有机质含量有关，经相关研究证明，K值越大，土壤侵蚀敏感性等级越高。

土壤的抗冲抗蚀性与土壤的颗粒大小和有机质含量有关。本区岩石主要为花岗岩、片麻岩、片岩、砂页岩等，多属粗结晶岩石，形成的土壤质地较轻，沙粒粗粉粒含量高，黏土含量低，有机质含量低，因而抗蚀能力弱，为土壤侵蚀提供了条件。

K值的选取以1:50万的研究区土壤类型图为基础。根据研究区现有的土壤资料，并参考了卜兆宏等的研究成果，推算出土壤可蚀性因子K值的算法：根据土壤普查资料中的各级颗粒组成，首先按美国制土壤颗粒成分分类表将土壤颗粒分为砂粒(0.005~2mm)、粉砂粒(0.005~0.05mm)和粘粒(<0.005mm)，然后按美国制土壤质地分类三角表查出土壤质地类型，再根据土壤质地类型和有机质含量从“USLE中土壤可蚀性因子K值表”查出相应的K值[108-111]。在“USLE中土壤可蚀性因子K值表”中只能查到土壤有机质含量≤4%的K值，当有机质含量大于4%时，先按土壤有机质含量等于4%查出K值，再利用“高有机质含量土壤的K值修正系数表”进行修正[112-115]。依据这个方法可以由土壤类型对应出K值。在以上标准分级表中就直接以K值列出，以方便研究。据此方法，再根据土壤侵蚀的诺谟方程，结合研究区已有的典型地区水土流失定点观测研究结果进行计算后单独成图(图6-8)。K值愈大，则土壤易于侵蚀；K值愈小，则土壤的抗蚀性愈大。

④地表覆盖因子(C)

地表覆盖是土壤侵蚀的抑制因子，也是影响土壤侵蚀最敏感的因素，其防止侵蚀的作用主要是对降雨能量的削减作用、保水作用和抗侵蚀作用。地面植被覆盖状况不同，土壤侵蚀的强度也不同，其与土地利用类型和植被覆盖度密切相关。它可以进行人工干预，比如植树种草，以增加地表覆盖量，植被的郁闭度越高，防治土壤侵蚀的效果越好。

本区地处温暖湿润的亚热带山地区，植被覆盖率高，尤其是高海拔地区，保存着原始森林。植被不仅是土壤养分的主要来源，而且是防止土壤侵蚀的最好网络，有林地的地表有枯枝落叶层，地下土壤疏松多孔，渗漏性好，能缓冲雨滴对土壤的打击，使降水缓慢下渗，不致形成较大的地面径流，植被还能对土壤起固定作用，能减低风蚀。

地表覆盖因子C值可以从已经研制出的基础图件(景观类型图)按照分级标准对其重新赋值，最后在GIS软件GRD模块的支持下，生成200m×200m地表覆盖因子对土壤侵蚀敏感性分布图(图6-9)。

(2)评价标准

根据国家环保总局对土壤侵蚀敏感性评价的编制规范，结合研究区的实际情况，各影响因子对土壤侵蚀敏感性评价等级和标准见表6-1。

表6-1　土壤侵蚀敏感性影响因子分级标准[107]

分级	不敏感	轻度敏感	中度敏感	高度敏感	极度敏感
降雨量(mm)	≤900	900~1000	1000~1200	1200~1500	1500~2000
土壤质地(k)	≤0.099	0.099~0.160	0.160~0.228	0.228~0.329	0.329~0.475
地形(坡度)	0°~8°	8°~15°	15°~25°	25°~35°	大于35°
地面覆盖	冰川及永久积雪、城镇、灌溉水田、河流水面、湖泊、坑塘水面、裸岩、石砾地、农村居民点	改良草地、人工草地、疏林地、天然草地、林地	菜地、灌木林、其他园地、未成林造林地	荒草地、迹地	旱地、裸土地、其他未利用土地、水浇地、滩涂、特殊用地、独立工矿用地。
分级赋值(C)	1	3	5	7	9
分级标准(SS)	1.0~2.0	2.1~4.0	4.1~6.0	6.1~8.0	>8.0

* k为土壤可蚀性系数，取值范围0~1。

(3)土壤侵蚀敏感性综合评价方法

从单因子分析得出的土壤侵蚀敏感性，只反映了某一个因子的作用程度，没有将研究区区域变异综合地反映出来。本研究采用了土壤侵蚀敏感性综合评价指数，计算公式为：

$$SS_j = \sqrt[4]{\prod_{i=1}^{4} C_i}$$

式中，SS_j为j空间单元土壤侵蚀敏感性指数：C_i为i因素敏感性等级值。

根据以上公式，在单因子分析得出研究区土壤侵蚀敏感性的基础上，利用ARC/NFO的GRD模块进行叠加分析。首先将每层数据都转化为网格数据，为了在保证数据精度的情况下，尽量减少数据冗余，提高叠加速度，可适当进行多边形的融合；然后通过UNION命令进行图层的叠加，最终将4个图层叠加起来，根据分级标准分别对4个因子的分级结

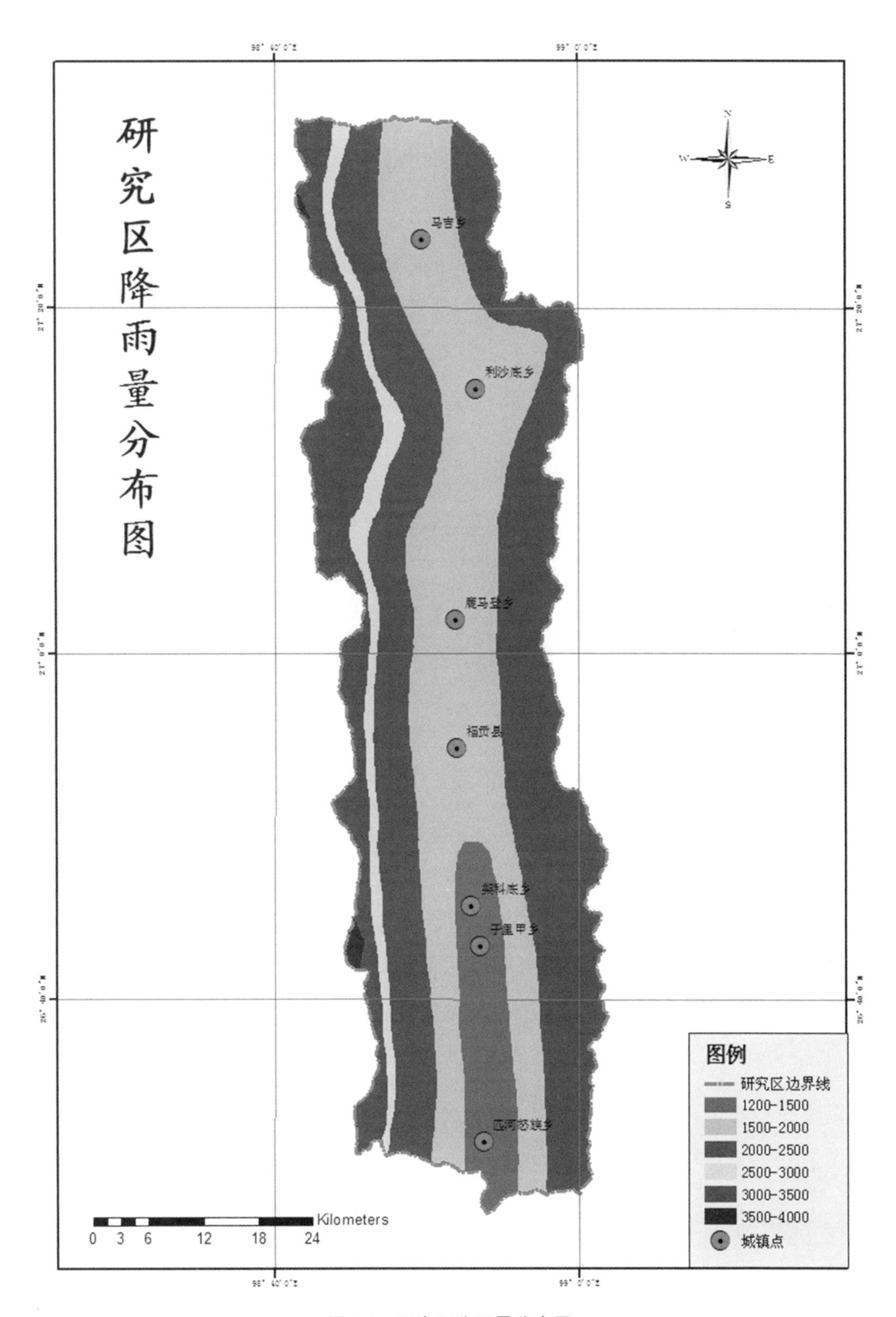

图 6-2 研究区降雨量分布图

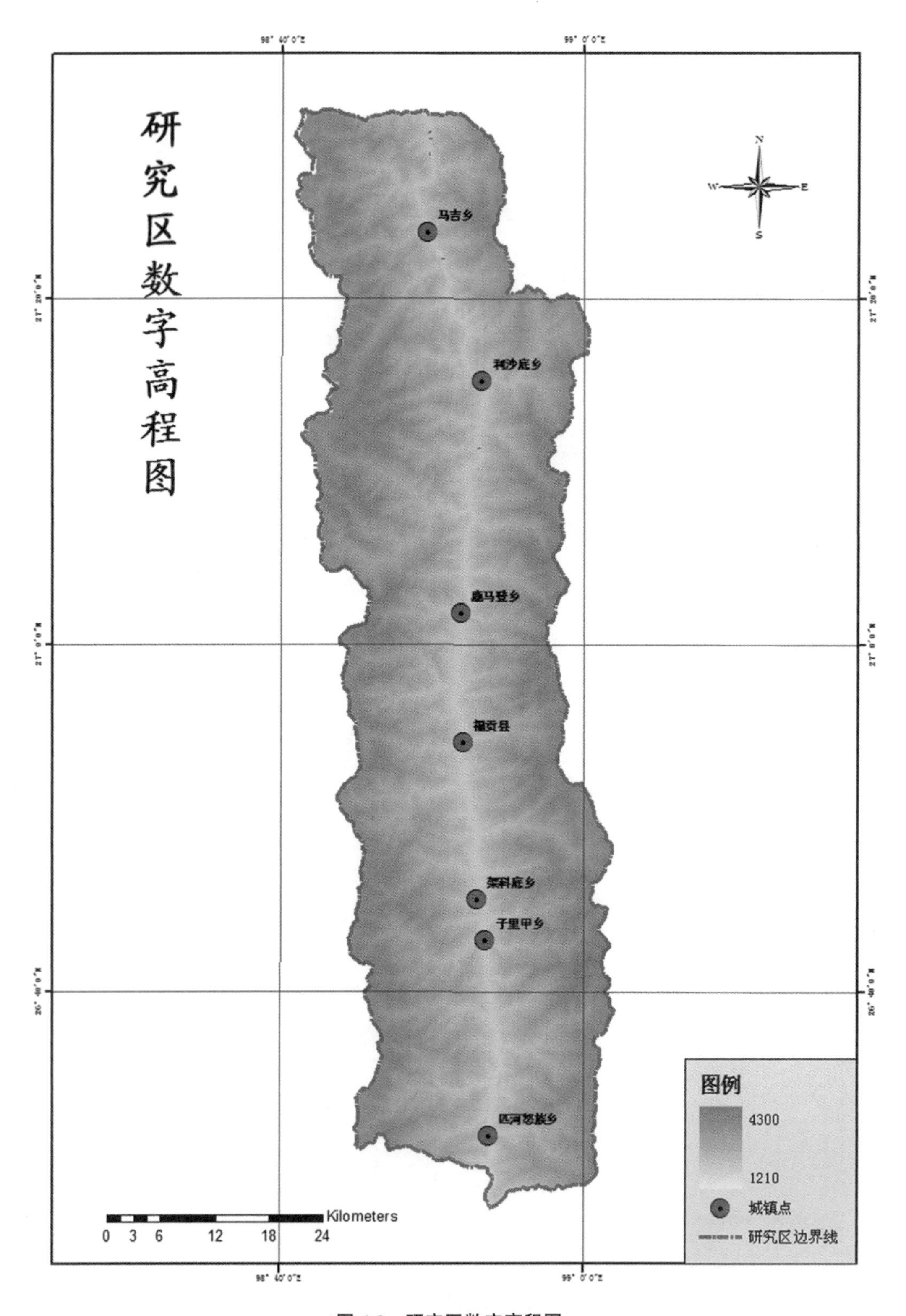

图 6-3　研究区数字高程图

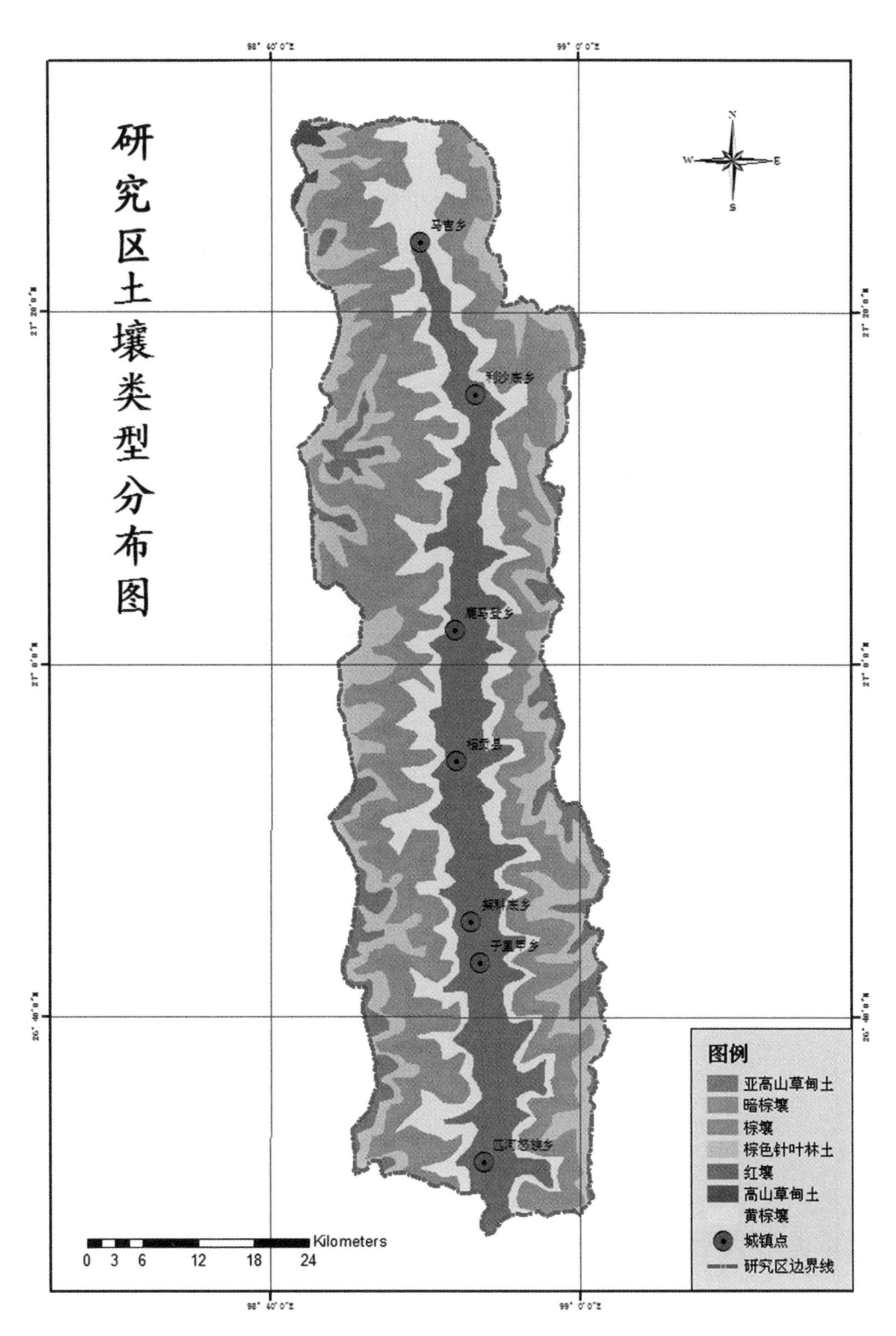

图 6-4　研究区土壤类型分布图

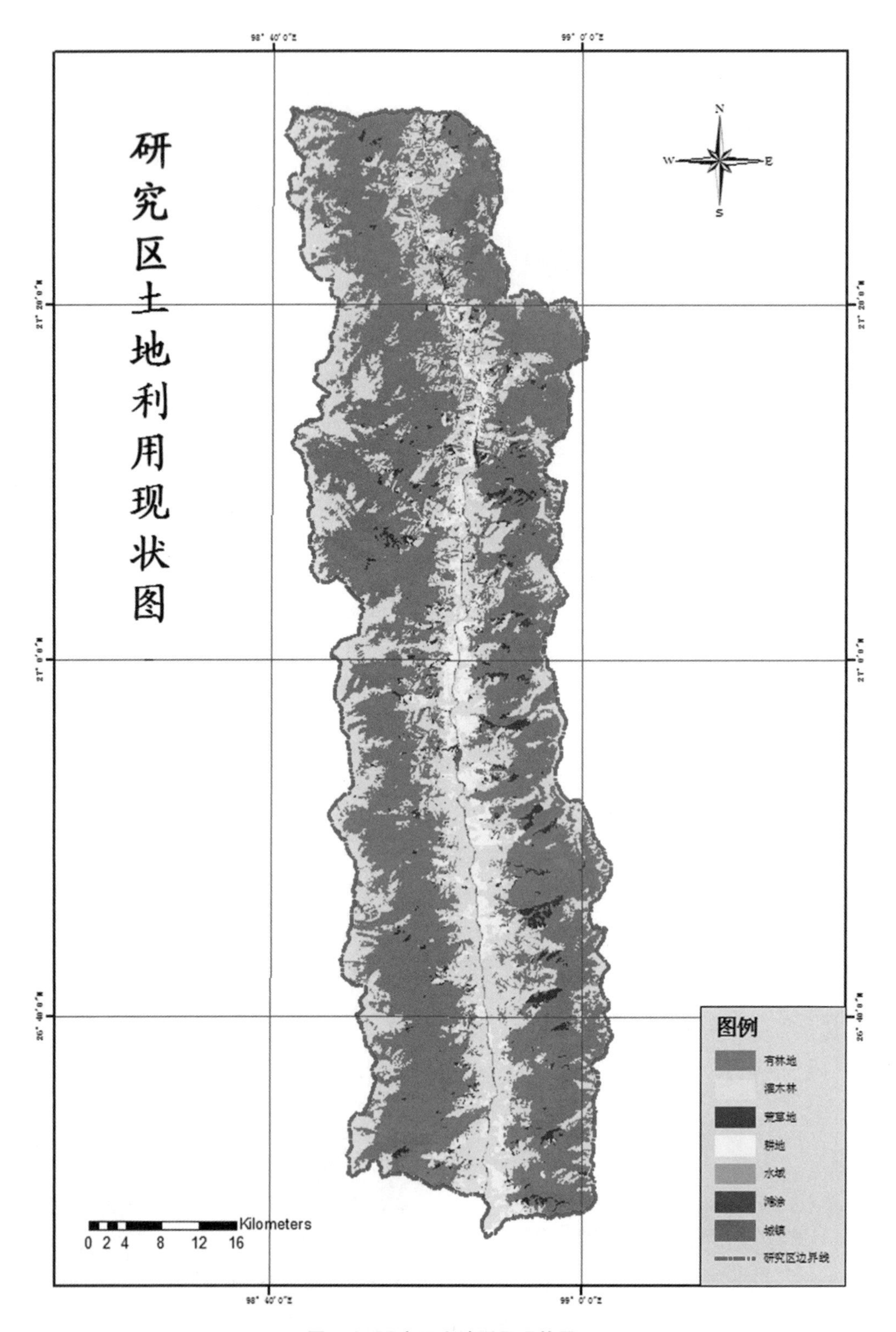

图 6-5 研究区土地利用现状图

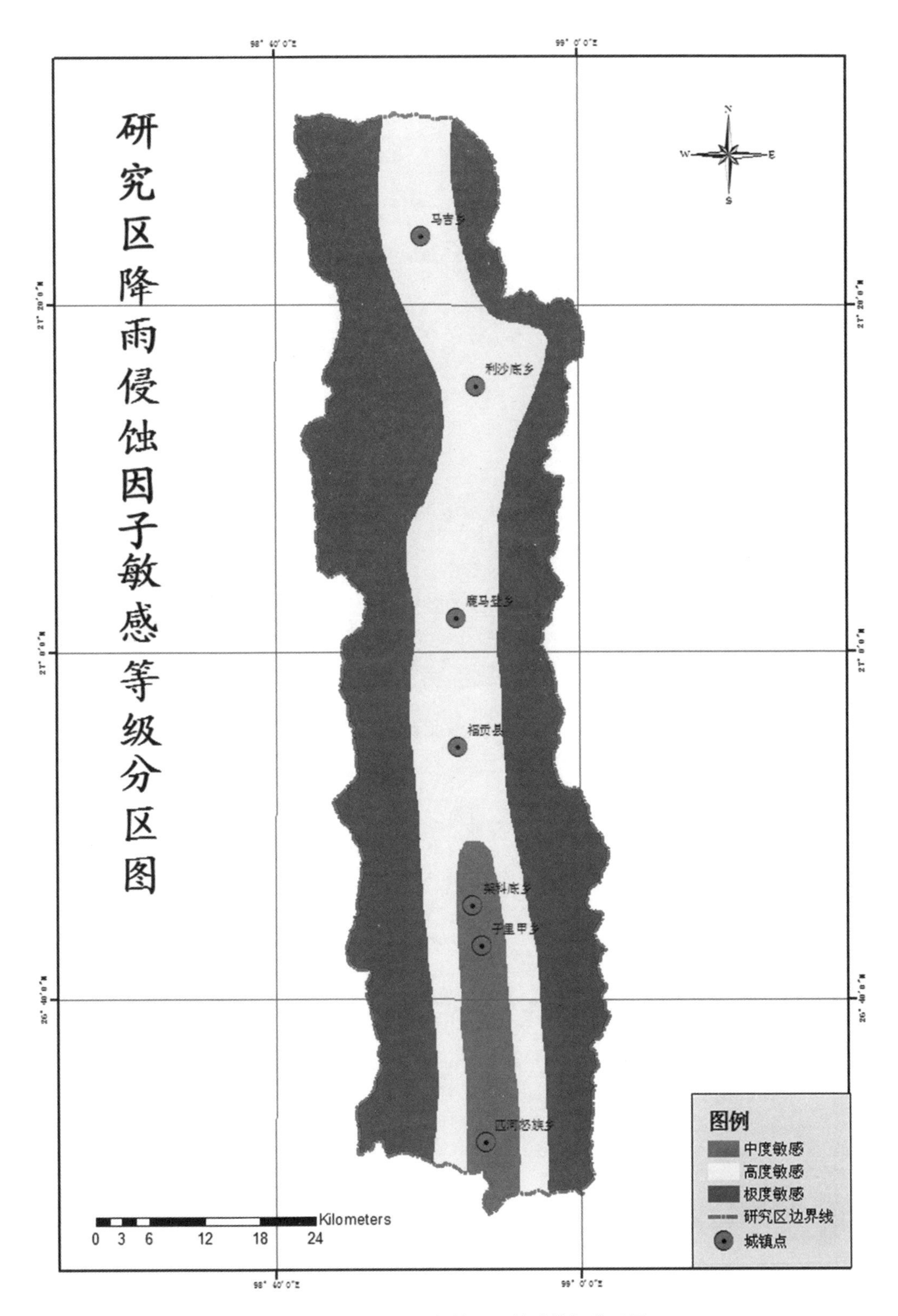

图 6-6 研究区降雨侵蚀因子敏感等级分区图

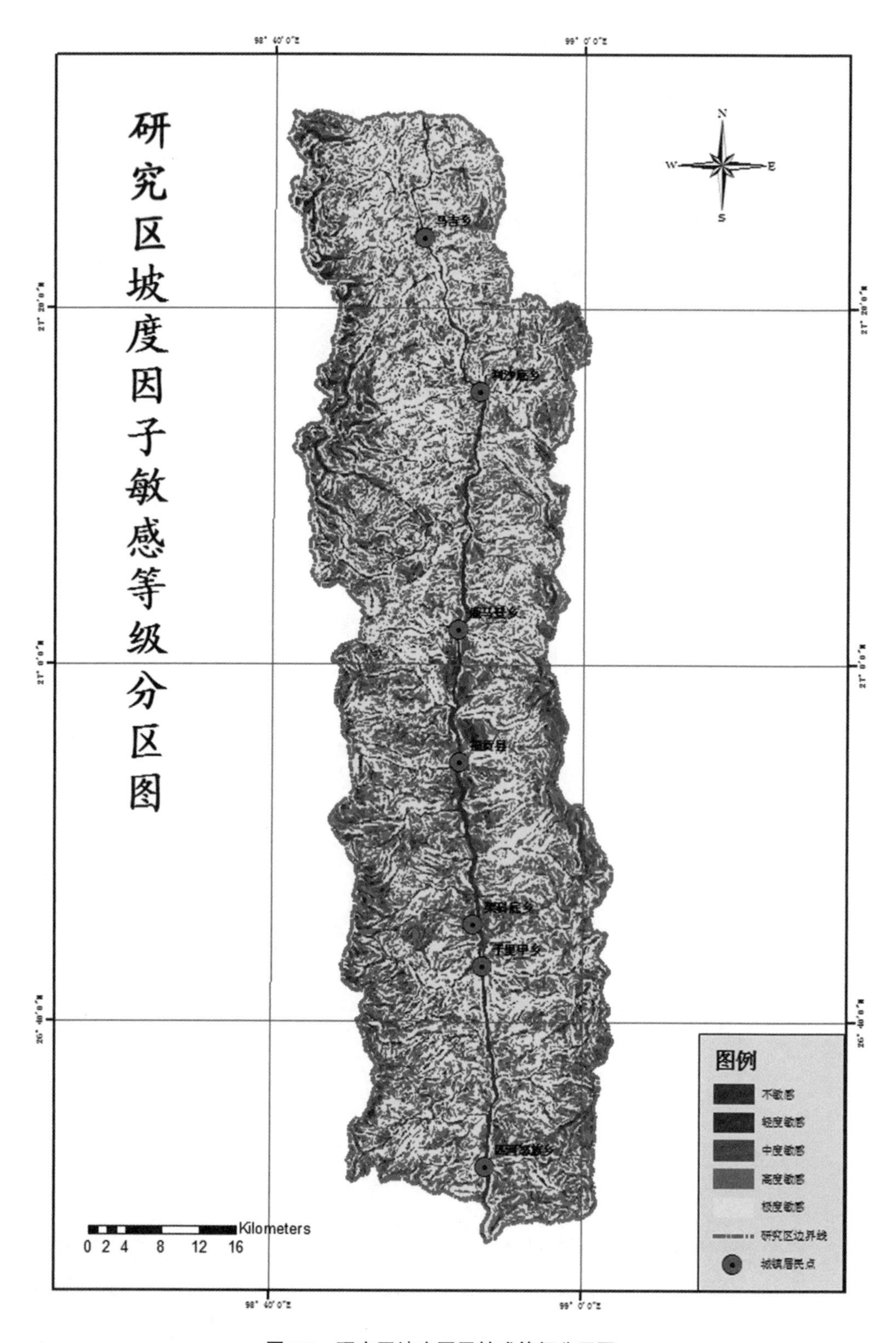

图 6-7 研究区坡度因子敏感等级分区图

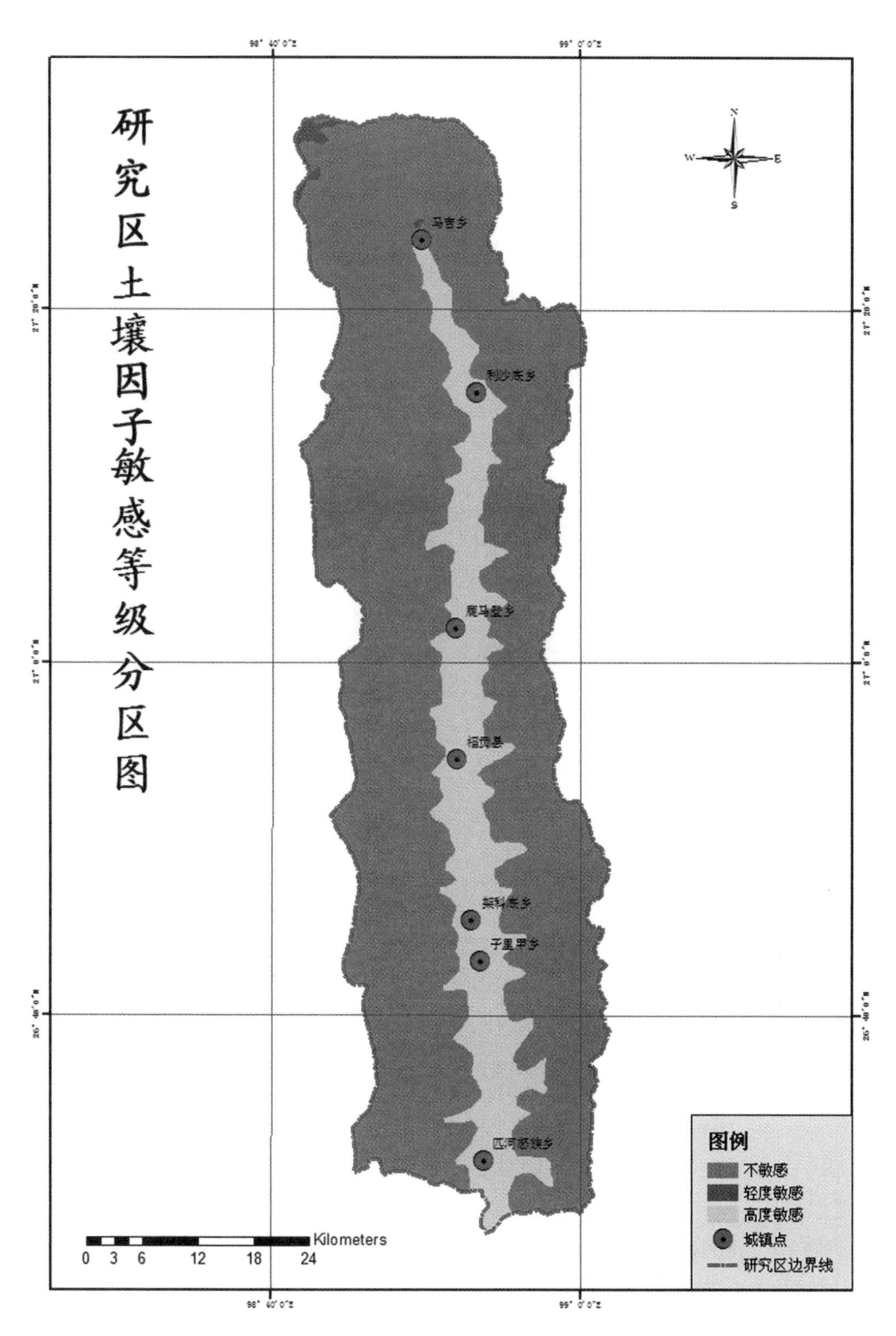

图 6-8　研究区土壤因子敏感等级分区图

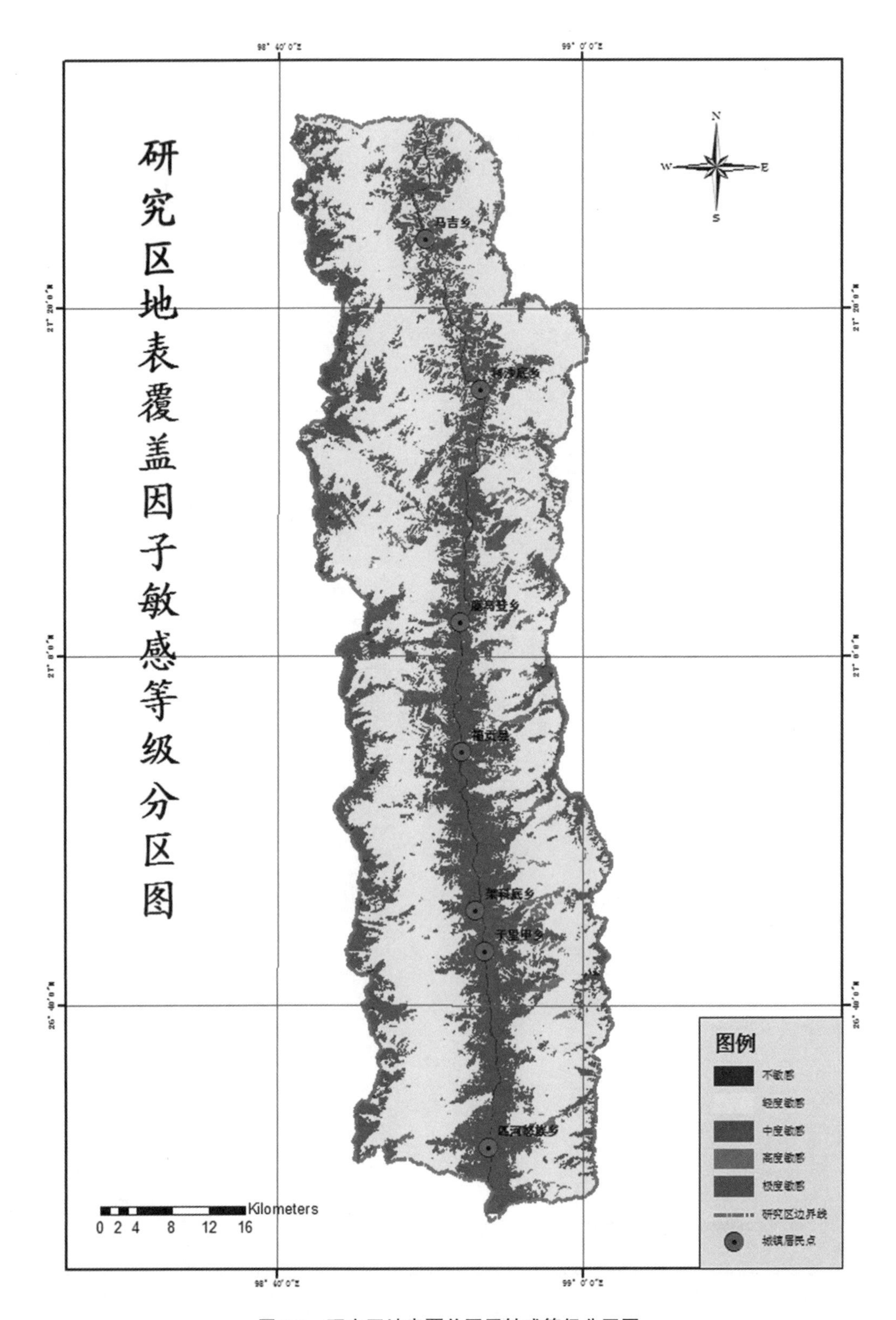

图 6-9 研究区地表覆盖因子敏感等级分区图

果进行赋值；之后通过 ARCGIS 软件对照上式进行公式的编写，经过运算后得到结果，再通过分级标准(SS)区间进行评价的分级，得到评价结果经分级制图，最后得到土壤侵蚀敏感性综合评价分布图(图 6-14)。

6.2.4 生境敏感性评价方法

(1)生物多样性保护敏感性评价方法

研究区南北纵横的峡谷地貌有利于古热带植物区系与泛北极植物系区成分交汇过渡，而相对隔绝封闭的环境使之成为在更新世冰期时的“避难所”，保存了生物演替系列上的许多古老珍稀植物种和许多特有的植物群落，孕育出许多特殊植物种类。因此，区内植物成分新老兼备，南北混杂，丰富多彩。另外，喜马拉雅山脉由西向东延伸后，至高黎贡山则转成南北走向，所以，高黎贡山的动物区系与喜马拉雅山脉有着密切的关系，使高黎贡山成为青藏高原、喜马拉雅山、印缅山地、中南半岛、马来半岛南北动物区系成分交汇的通道和走廊，动物区系成分复杂而多样，是十分重要的天然动物资源库。

因此，研究区的生境敏感性评价以生物多样性保护的敏感性为主。生物多样性包括 3 个层次，即遗传多样性、物种多样性和生态系统多样性，在 3 个生物多样性保护的层次中，生态系统多样性是遗传多样性和物种多样性的载体。从某种意义上来说，要保护好一个地方的生物多样性，首先要保护好自然生态系统的多样性，而自然生态系统的保护在某种意义上也就是对生物多样性的保护。

根据研究区的生态特征和生物多样性的分布规律，以植被类型为主要表征的生态系统多样性是生境敏感性在地域上的具体体现。因此，按照本区的实际情况，其生境敏感性评价主要根据生态系统类型中物种丰富度，以及国家与省级保护对象的分布数量进行评价。

(2)评价标准

根据国家环保总局对生境敏感性评价的编制规范，以物种保护为依据的生境敏感性评价的标准与分级见表 6-2。

表 6-2 生物多样性的生境敏感性评价标准

国家与省级保护物种	生境敏感性等级
国家一级	极敏感
国家二级	高度敏感
其他国家与省级保护物种	中度敏感
其他地区性保护物种	轻度敏感
无保护物种	不敏感

资料来源：云南大学生态学与地植物学研究所．云南省生态功能区划研究报告[R]，2004：52.

同时根据上述保护物种在某一生态系统的丰富程度，将研究区内的生态系统的敏感性加以分级。

6.2.5 生态重要性评价方法

根据研究区的高山峡谷复合生态系统特征，生态重要性主要包括土壤侵蚀敏感性和生境敏感性的综合效应。

从生境极度敏感并且土壤侵蚀极敏感的区域到生境不敏感并且土壤侵蚀不敏感的区

域，共可划分为极重要、很重要、重要、一般重要、不重要等五级，见表6-3。

表6-3 生态重要性等级标准评价表[107]

重要性＼敏感度	生境极度敏感	生境高度敏感	生境中度敏感	生境轻度敏感	生境不敏感
土壤侵蚀极敏感	极重要	极重要	很重要	很重要	重要
土壤侵蚀高度敏感	极重要	极重要	很重要	重要	重要
土壤侵蚀中度敏感	很重要	很重要	重要	一般重要	一般重要
土壤侵蚀轻度敏感	很重要	重要	一般重要	一般重要	不重要
土壤侵蚀不敏感	重要	重要	一般重要	不重要	不重要

6.3 生态重要性评价结果

6.3.1 土壤侵蚀敏感性评价结果

(1)土壤侵蚀敏感性与影响因子的关系

①土壤侵蚀敏感性与降水侵蚀力因子的关系

研究区降水侵蚀力因子对土壤侵蚀敏感性分级见表6-4和图6-6。

表6-4 降雨侵蚀力敏感性分级表

年降雨量(mm)	面积(km^2)	比例(%)	敏感等级
< =900	0.00	0.00	不敏感
900~1000	0.00	0.00	轻度敏感
1000~1200	193.65	7.12	中度敏感
1200~1500	956.29	35.15	高度敏感
>1500	1570.93	57.74	极度敏感

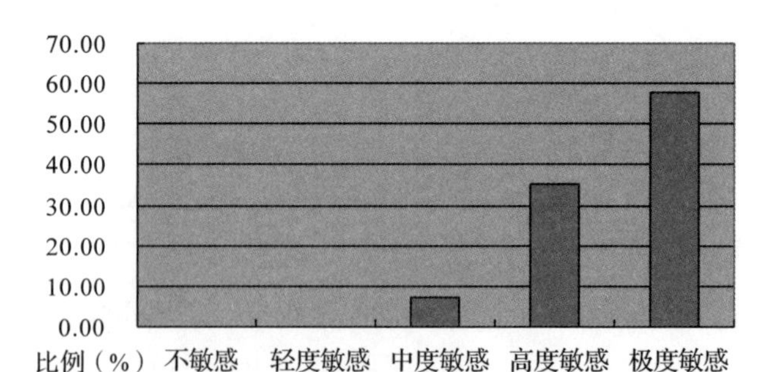

图6-10 降雨侵蚀力敏感性在研究区内的比重关系图

图6-10为降雨侵蚀力敏感性在研究区内的比重关系。从表6-4和图6-6、图6-10可以看出，极度敏感地区占研究区总面积的比重最大，占总面积的为57.74%，面积达到了1570.93km^2公顷；高度敏感地区居其次，占研究区总面积35.15%，面积为956.29km^2；

中度敏感占研究区的总面积较少，为 193.65. km^2，占 7.12%。由于研究区的多年平均降雨量在 1100mm 以上，所以没有不敏感和轻度敏感的地区。从以上分析可以看出，研究区的降雨侵蚀力敏感性以极度敏感为主，海拔越高敏感性越高。

②土壤侵蚀敏感性与地形起伏因子的关系

研究区地形起伏因子对土壤侵蚀敏感性分级见表 6-5 和图 6-7。图 6-11 为地形起伏因子敏感性在研究区内的比重关系。

表 6-5 地形起伏因子敏感性分级表

坡度	面积(km^2)	比例(%)	敏感等级
0°~8°	193.93	7.10	不敏感
8°~15°	19.02	0.70	轻度敏感
15°~25°	309.80	11.34	中度敏感
25°~35°	999.22	36.57	高度敏感
>35°	1210.39	44.30	极度敏感

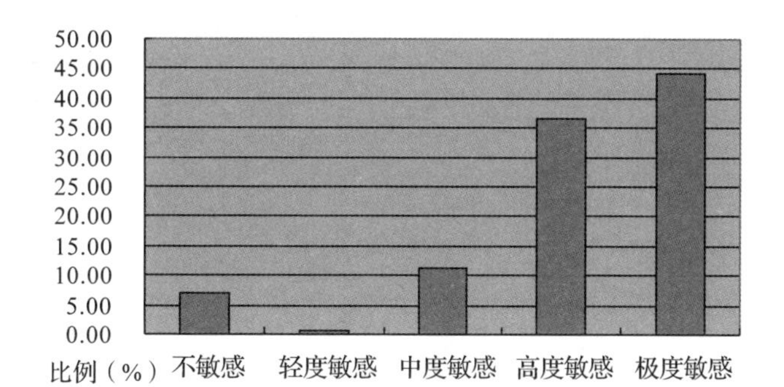

图 6-11 地形起伏因子敏感性在研究区内的比重关系图

从图 6-11、表 6-5 中可以看出，研究区坡度大于 25°的地区占全区总面积的 80.87%，所以，研究区的坡度敏感等级也以高度敏感和极度敏感地区为主。其中极度敏感等级所占比例最大达到 44.30%，面积 1210.39km^2；高度敏感等级居其次，占研究区总面积的 36.57%，面积 999.22km^2；中度敏感地区占研究区总面积的 11.34%，面积 309.81km^2；而不敏感等级和轻度敏感等级所占面积较小，分别为 193.93km^2 和 19.02km^2，各占研究区总面积的 7.01% 和 0.70%。从上述分析中可以看出，研究区坡度等级敏感性以极度敏感和高度敏感为主。

③土壤侵蚀敏感性与土壤质地因子的关系

研究区土壤质地因子对土壤侵蚀敏感性分级图见表 6-6 和图 6-8。图 6-12 为土壤质地因子敏感性在研究区内的比重关系。

表 6-6 土壤质地因子敏感性分级表

土壤 k 值	面积(km²)	比例(%)	敏感等级
≤0.099	2215.49	81.52	不敏感
0.099~0.160	10.64	0.39	轻度敏感
0.160~0.228	0.00	0.00	中度敏感
0.228~0.329	491.76	18.09	高度敏感
0.329~0.475	0.00	0.00	极度敏感

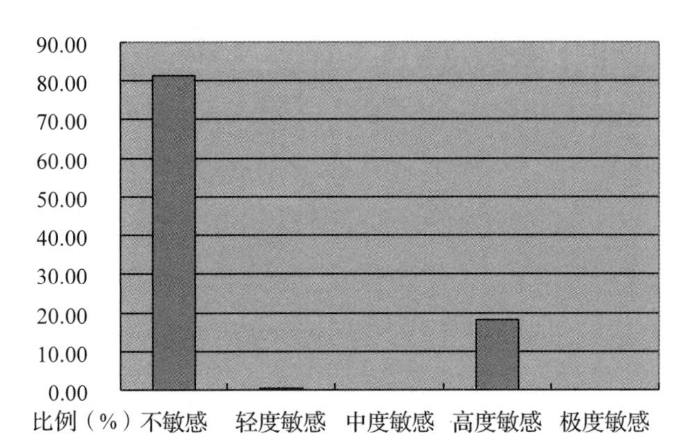

图 6-12 土壤质地因子敏感性在研究区内的比重关系图

从图 6-12、表 6-6 中可以得知，土壤 k 值小于 0.099 的地区占研究区总面积的 81.52%，面积 2215.49km²，这类地区也是土壤质地不敏感地区。土壤质地高度敏感地区居其次，面积 491.76km²，占研究区总面积的 18.09%。轻度敏感地区在研究区中占地比例较小，仅为 0.39%，面积 10.64km²。而研究区中没有中度敏感和极度敏感的地区。基于以上分析，研究区土壤质地敏感性以不敏感为主。

④土壤侵蚀敏感性与地表覆盖因子的关系

研究区地表覆盖因子对土壤侵蚀敏感性分级图见表 6-7 和图 6-9。图 6-13 为地表覆盖因子敏感性在研究区内的比重关系。

表 6-7 地表覆盖因子敏感性分级表

敏感等级	面积(km²)	比例(%)
不敏感	16.62	0.60
轻度敏感	1679.99	60.93
中度敏感	867.35	31.45
高度敏感	69.97	2.54
极度敏感	123.52	4.48

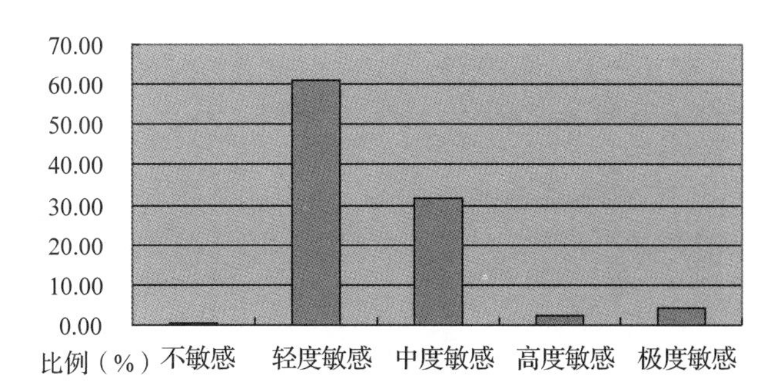

图 6-13　地表覆盖因子敏感性在研究区内的比重关系图

从图 6-13、表 6-7 中可以得出，由于研究区有林地面积较大，为 1679.99km²，所以轻度敏感等级占研究区面积的比重也比较大，达到了 60.93%；中度敏感等级占研究区总面积的 31.45%，面积达 867.35km²；高度敏感和极度敏感占研究区面积的比重较小，分别为 69.97km² 和 123.52km²，各占研究区总面积的 2.54% 和 4.48%。而不敏感等级占研究区总面的比重最小，占 0.60%，面积 16.62km²。从上述分析中可以看出，研究区地表覆盖因子敏感性等级以轻度敏感为主。

(2)研究区土壤侵蚀敏感性评价结果

GIS 的叠加分析和统计的结果表明(表 6-8，图 6-14)，研究区大部分地区为中度和高度敏感地区，没有极度敏感地区。其中，中度敏感地区面积为 2059.15km²，占全区总面积的 75.31%，主要分布在海拔 2000m 以上的地区；高度敏感地区面积为 455.22km²，占全区总面积的 16.65%，主要分布在海拔 2000m 以下的地区；不敏感地区面积为 14.88km²，占全区总面积的 0.54%，主要分布在海拔 4000m 以上的地区；轻度敏感地区面积为 205km²，占全县总面积的 7.50%，主要分布在海拔 2000m 以上，沿怒江支流分布。

表 6-8　研究区土壤侵蚀敏感性程度及分布面积

敏感性等级	斑块数(个)	斑块比例(%)	斑块平均面积(km²)	面积(km²)	面积比例(%)
不敏感	267	3.13	0.06	14.88	0.54
轻度敏感	3911	46.40	0.05	205.00	7.50
中度敏感	1753	20.80	1.17	2059.15	75.31
高度敏感	2492	29.57	0.18	455.22	16.65
合计	8428	100%		2756.45	100%

6.3.2　生境敏感性评价结果

(1)评价分级

本区内有国家级保护植物 11 种，省级重点保护植物 6 种，详见表 6-9 和表 6-10：

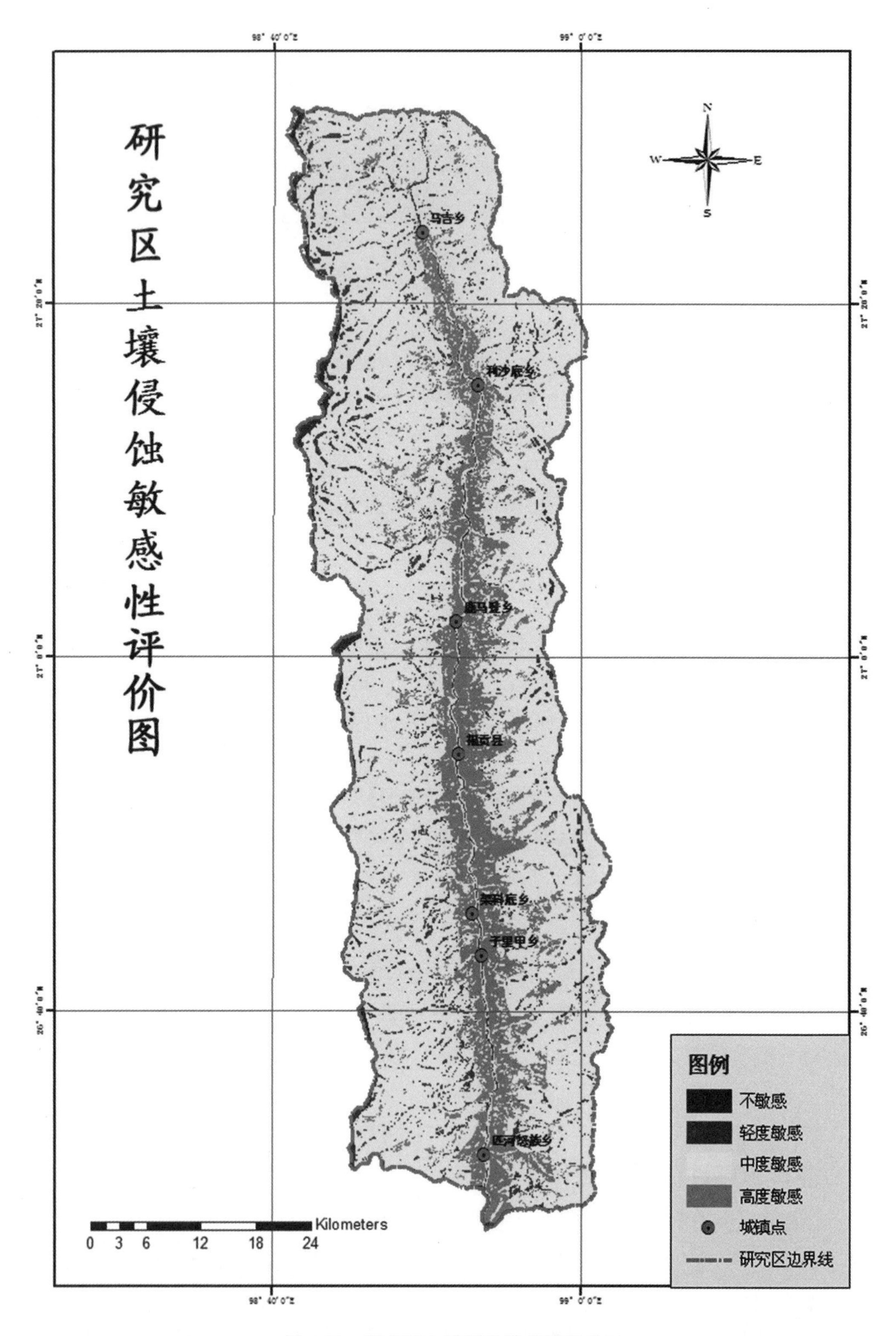

图 6-14　研究区土壤侵蚀敏感性评价图

表 6-9 国家级保护植物一览表

序号	中文名	拉丁学名	类别	保护等级	生境敏感性等级
1	桫椤	*Alsophila spinulosa* (Wall. ex Hook.) R. M. Tryon	渐危	Ⅰ	极敏感
2	秃杉	*Taiwania flousiana* Gaussen	稀有	Ⅰ	极敏感
3	长蕊木兰	*Alcimandra cathcartii* (Hook. f. et Thoms.) Dandy	濒危	Ⅰ	高度敏感
4	水青树	*Tetracentron sinense* Oliv.	稀有	Ⅱ	高度敏感
5	云南黄莲	*Coptis teeta* Wall.	渐危	Ⅱ	高度敏感
6	长喙厚朴	*Magnolia rostrata* W. W. Smith	渐危	Ⅱ	中度敏感
7	十齿花	*Dipentodon sinicus* Dunn	稀有	Ⅱ	高度敏感
8	天麻	*Gastrodia elata* Bl.	渐危	Ⅲ	中度敏感
9	硫黄杜鹃	*Rhododendron sulfureum* Franch.	渐危	Ⅲ	中度敏感
10	怒江山茶	*Camellia saluenensis* Stapf ex Bean	渐危	Ⅱ	高度敏感

表 6-10 省级重点保护植物一览表

序号	中文名	拉丁学名	保护等级	生境敏感性等级
1	蒙自盾翅藤	*Aspidopterys henryi* Hutch.	Ⅲ	中度敏感
2	滇北杜英	*Elaeocarpus boreali-yunnanensis* H. T. Chang	Ⅱ	中度敏感
3	西藏山茉莉	*Huodendron tibeticum* (Anth.) Rehd.	Ⅲ	中度敏感
4	福贡木兰	*Magnolia shangpaensis* Hu	Ⅲ	中度敏感
5	滇木莲	*Manglietia yunnanensis* Hu	Ⅲ	中度敏感
6	云南丫蕊花	*Ypsilandra yunnanensis* W. W. Smith et J. F. Jeffr.	Ⅲ	中度敏感

在珍稀濒危保护植物中，桫椤、秃杉等为第四纪冰期之前残留的孑遗植物，详见表 6-11：

表 6-11 本区的孑遗植物一览表

序号	中文名	拉丁学名
1	桫椤	*Alsophila spinulosa* (Wall. ex Hook.) R. M. Tryon
2	十齿花	*Dipentodon sinicus* Dunn
3	长喙厚朴	*Magnolia rostrata* W. W. Smith
4	秃杉	*Taiwania flousiana* Gaussen
5	水青树	*Tetracentron sinense* Oliv.

本区计有一级保护动物 7 种，二级保护动物 32 种，详见表 6-12：

表 6-12 珍稀濒危动物名录及其保护等级

序号	种 名	中国动物红皮书	IUCN 红色名录(1996)	中国重点保护野生动物等级	CITES 附录(1997)	生境敏感性等级
M	哺乳类 Mammals					
M-1	云豹 *Neofrlis nebulosa*	E	V	Ⅱ	Ⅰ	高度敏感

（续）

序号	种　名	中国动物红皮书	IUCN 红色名录(1996)	中国重点保护野生动物等级	CITES 附录(1997)	生境敏感性等级
M-2	金钱豹 *Panthera pardus*	E	E	Ⅰ	Ⅰ	极敏感
M-3	灰叶猴 *Semnopithecus phayrei*			Ⅰ		极敏感
M-4	羚牛 *Budorcas taxicolor*	E	E	Ⅰ	Ⅱ	极敏感
M-5	熊猴 *Macaca assamensis*	V	V Ⅰ	Ⅱ		高度敏感
M-6	黑麝 *Moschus fuscus*	V	LR/nt	Ⅱ	Ⅱ	高度敏感
M-7	水鹿 *Cervus unicolor*	V		Ⅱ		高度敏感
M-8	猕猴 *Macaca Mulatta*	V	LR/nt	Ⅱ	Ⅱ	高度敏感
M-9	短尾猴 *Macaca arctoides*	V	Ⅶ	Ⅱ		高度敏感
M-10	岩羊 *Pseudois nayaur*	V	LR/nt	Ⅱ		高度敏感
M-11	鬣羚 *Naemorhedus sumatraensis*	V	V	Ⅱ	Ⅰ	高度敏感
M-12	黑熊 *Selenarctos thibetanus*	V	Ⅶ	Ⅰ		极敏感
M-13	林麝 *Moschus berezovskii*	E	LR/nt	Ⅱ	Ⅱ	高度敏感
M-14	小熊猫 *Ailurus fulgens*	V	E Ⅱ	Ⅰ		极敏感
M-15	小灵猫 *Viverricula indica*			Ⅱ	Ⅲ	高度敏感
M-16	大灵猫 *Viverra zibetha*	V		Ⅱ	Ⅲ	高度敏感
M-17	金猫 *Atopuma temmincki*	V	LR/nt	Ⅱ	Ⅰ	高度敏感
M-18	斑灵狸 *Prrionodon pardicolor*	E		Ⅱ	Ⅰ	高度敏感
M-19	斑羚 *Naemorhedus caudatus*	V	V	Ⅱ	Ⅰ	高度敏感
B	鸟类 Birds					
B-1	绿尾虹雉 *Lophophorus ihuysii*			Ⅰ		极敏感
B-2	白尾梢虹雉 *Lophophorus scalateri*	R	V	Ⅰ	Ⅰ	极敏感
B-3	红腹角雉 *Tragopan temminckii*	V	LR	Ⅱ		高度敏感
B-4	血雉 *Ithaginis cruentus*	V		Ⅱ	Ⅱ	高度敏感
B-5	藏马鸡 *Crossoptilon crossoptilon*	V	V	Ⅱ	Ⅰ	高度敏感
B-6	白鹇 *Lophura nycthemera*			Ⅱ		高度敏感
B-7	白腹锦鸡 *Chrysolophus amherstiae*	V	LR	Ⅱ		高度敏感
B-8	淡腹雪鸡 *Tetraogallus tibetanus*			Ⅱ	Ⅰ	高度敏感
B-9	灰头鹦鹉 *Psittacula himalayana*			Ⅱ	Ⅱ	高度敏感
B-10	凤头蜂鹰 *Pernis ptilorhynchus*	V		Ⅱ	Ⅱ	高度敏感
B-11	凤头鹰 *Accipiter trivirgatus*	R		Ⅱ	Ⅱ	高度敏感
B-12	雀鹰 *Accipiter nisus*			Ⅱ	Ⅱ	高度敏感
B-13	松雀鹰 *Accipiter virgatus*			Ⅱ	Ⅱ	高度敏感
B-14	红隼 *Falco tinnunculus*			Ⅱ	Ⅱ	高度敏感
B-15	灰林鸮 *strix aluco*			Ⅱ	Ⅱ	高度敏感

（续）

序号	种　　名	中国动物红皮书	IUCN 红色名录(1996)	中国重点保护野生动物等级	CITES 附录(1997)	生境敏感性等级
B-16	雕鸮 *Bubo bobo*	R		Ⅱ	Ⅱ	高度敏感
B-17	褐林鸮 *strix leptogrammica*			Ⅱ		高度敏感
A	两栖类 Amphibia					
A-1	红瘰疣螈 *Tyototriton shanjing*	IC		Ⅱ		高度敏感
A-2	双团棘胸蛙 *Rana yunnanensis*	V				中度敏感
R	爬行类 Reptilia					
R-1	细蛇蜥 *Ophisaurus gracilis*	E				中度敏感
R-2	柴灰锦蛇 *Elaphe porphyacea*	V				中度敏感
R-3	黑眉锦蛇 *Elaphe taeniura*	V				中度敏感
R-4	黑线乌梢蛇 *Zaocys nigromarginatus*	IC				中度敏感
R-5	眼镜王蛇 *Ophiophagus Hannah*	E			Ⅱ	中度敏感
F	鱼类 Fish					
F-1	怒江裂腹鱼 *Schizothorax nukiangensis*					中度敏感
F-2	贡山鮡 *Pareuchiloglanis gongshanensis*					中度敏感
F-3	黑鮡 *Gagata cenia*	R				中度敏感
P	凤蝶类 Papilionids					
P-1	双尾褐凤蝶 *Bhutanitis mansfieldi*			Ⅱ	Ⅱ	高度敏感
P-2	三尾褐凤蝶 *Sinonitis thadina*			Ⅱ	Ⅱ	高度敏感

要保护好一个地方的生物多样性，首先要保护好自然生态系统的多样性。根据研究区生态系统类型的分布特点、在生态保护中的重要性和特殊性以及《生态功能区划暂行规程》中对生境敏感性评价的编制规范，将整个研究区划分为 15 类生态系统，各生态系统的生境敏感性等级见表 6-13。

表 6-13　研究区生态系统(或土地利用)类型敏感性等级[107]

生态系统类型	敏感性等级
灌草丛	中度敏感
耕地	不敏感
水域	极度敏感
滩涂	不敏感
城镇	不敏感
季风常绿阔叶林	高度敏感
半湿润常绿阔叶林	高度敏感
中山湿性常绿阔叶林	高度敏感
针阔混交林	高度敏感
温凉性针叶林	极度敏感
寒温性针叶林	中度敏感
竹林	中度敏感
暖温性针叶林	高度敏感

(2)各生态系统的生境敏感性评价

根据以上分级标准，研究区各种生态系统类型的生境敏感性评价结果如下：

①灌草丛：本区的灌草丛分为暖温性灌丛和寒温性灌丛，其中的寒温性灌丛中包含了十齿花、天麻和琉黄杜鹃等国家级保护植物，生态环境极为敏感脆弱。而其中的荒草地大部分为农地摞荒之后的用地，在自然演替过程中正在逐步恢复自然植被，综合评价后的敏感等级为中度敏感。

②耕地：大都集中在河流、道路的两侧，伴随河流与道路在景观中的延伸，在景观中呈星点带状分布。在其中基本已无原生态的自然植被类型。敏感等级为不敏感。

③水域：主要是纵贯南北的怒江，以及碧罗雪山和高黎贡山山顶的众多湖泊；滩涂主要沿怒江河谷零星分布。其中分布有怒江裂腹鱼、贡山鱼兆和黑鱼兆等珍稀濒危动物，敏感等级为极度敏感。

④滩涂：主要沿怒江河谷零星分布。由于怒江河流湍急，且水位随季节而变化，几乎无动、植物在该区域分布，敏感等级为不敏感。

⑤城镇：主要包括镇、乡、村等一类以人为中心的社会、经济、自然复合人工生态系统，散布于整个研究区海拔2000m以下的区域，其中镇、乡一级较大的斑块多沿怒江流域沿岸分布。在此类生态系统中，自然生态系统为人工生态系统所代替，动物、植物、微生物失去了在原有自然生态系统中的生境，致使生物群落不仅数量少，而且其结构变得简单，敏感等级为不敏感。

⑥季风常绿阔叶林：分布海拔1300m以下，该生态系统已被人为活动严重破坏，基本已没有原始林分，大部分被开垦为耕地或退化为灌丛，现存基本为次生林，面积极少，仅分布在碧福大桥附近。其中分布着桫椤、长蕊木兰等珍稀濒危树种，敏感等级为高度敏感。

⑦半湿润常绿阔叶林：在整个研究区分布面积比较少，多位于海拔1300~1900m，呈长条状分布。敏感等级为高度敏感。

⑧中山湿润常绿阔叶林：分布于海拔1900~2500m，分布有云南黄莲等珍稀濒危树种，该垂直带森林类型最多，是重点保护的林带。该类型分布面积较多，整体呈长条状。分布着水青树、长喙厚朴等濒危珍稀植物，白鹇、白腹锦鸡等珍稀动物也分布在这个区域。敏感等级为高度敏感。

⑨针阔混交林：主要位于海拔2500~2900m的区域，分布范围广，在本区中呈长条状分布。其中还分布着秃杉、十齿花、琉黄杜鹃等珍稀濒危植物，以及羚牛、黑麝等珍稀濒危动物，敏感等级为高度敏感。

⑩温凉性针叶林：主要位于海拔2900~3100m之间的区域，其分布范围比上一种类型要少，依然呈长条状分布，其中还分布着西藏山茉莉等珍稀濒危植物和岩羊等濒危动物，能够发挥生物多样性保护等重要生态服务功能，敏感等级为极度敏感。

⑪寒温性针叶林：主要位于海拔3100~3700m之间的区域，呈长条状分布，其中分布有凤头鹰等濒危珍稀动物，敏感等级为中度敏感。

⑫竹林：多分布在海拔2000~4000m之间的山地，分布范围较广，其中还包括了贡山竹属等特有属为本区特有，敏感等级为中度敏感。

⑬暖性针叶林：主要分布于本区的阳坡和山脊，但分布面积不大，且较零散，呈斑块

状分布，其中分布有怒江山茶等濒危珍稀植物，能够发挥水土保持等生态服务功能，敏感等级为高度敏感。

(3) 生境敏感性评价

以不同的生态系统类型的敏感性等级为分类标准，对已解译的植被类型进行重新赋值，生成新的图层，凭借 GIS 的空间分析和统计功能进行评价。

结果显示(表6-14 及图6-15)：研究区生境不敏感地区的面积为194.44km^2，占全区总面积的7.05%，主要分布在河谷地带人类聚居的地区；中度敏感地区的面积为856.74km^2，占31.06%，主要分布在海拔3000m以上的地区；高度敏感地区的面积为923.14km^2，占33.47%，主要分布在1300～2900m的地区；极度敏感地区的面积为783.63km^2，占28.41%，主要分布在海拔2000m以下的地区，以及海拔2900m的地区。

表6-14　研究区生境敏感性程度分布面积[107]

敏感等级	斑块数	斑块比例(%)	面积(km^2)	面积比例(%)
不敏感	1177	22.45	194.44	7.05
中度敏感	636	12.13	856.74	31.06
高度敏感	2088	39.83	923.14	33.47
极度敏感	1341	25.58	783.63	28.41

6.3.3　生态重要性等级评价结果

(1) 评价分级

根据上述评价标准，可以得到研究区五级生态重要性等级分布的区域范围及面积大小，详见表6-16 及图6-16、图6-17。

表6-16　生态重要性等级评价表

保护等级	斑块数(块)	斑块比例(%)	面积(km^2)	面积比例(%)
不重要	24	0.30	1.09	0.04
一般重要	2073	26.30	144.53	5.29
重要	3078	39.05	961.61	35.22
很重要	1543	19.57	1310.97	48.01
极重要	1165	14.78	312.18	11.43

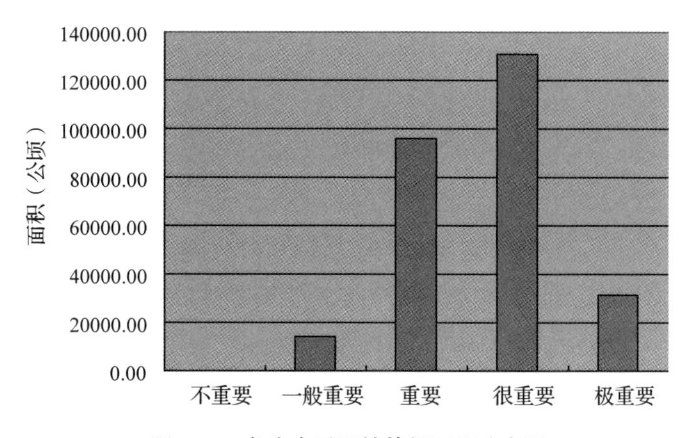

图6-16　各生态重要性等级面积分布图

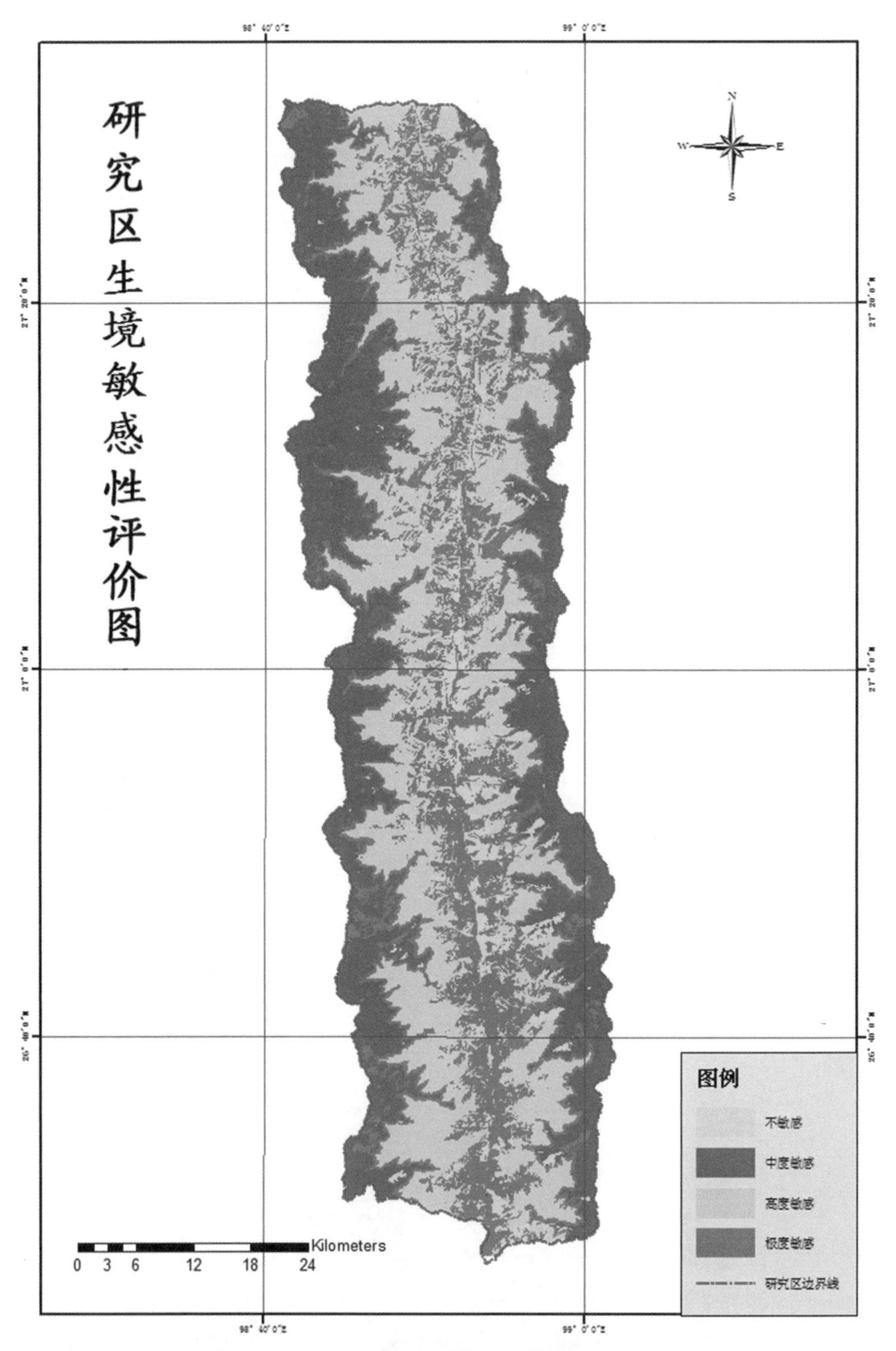

图 6-15 研究区生境敏感性评价图

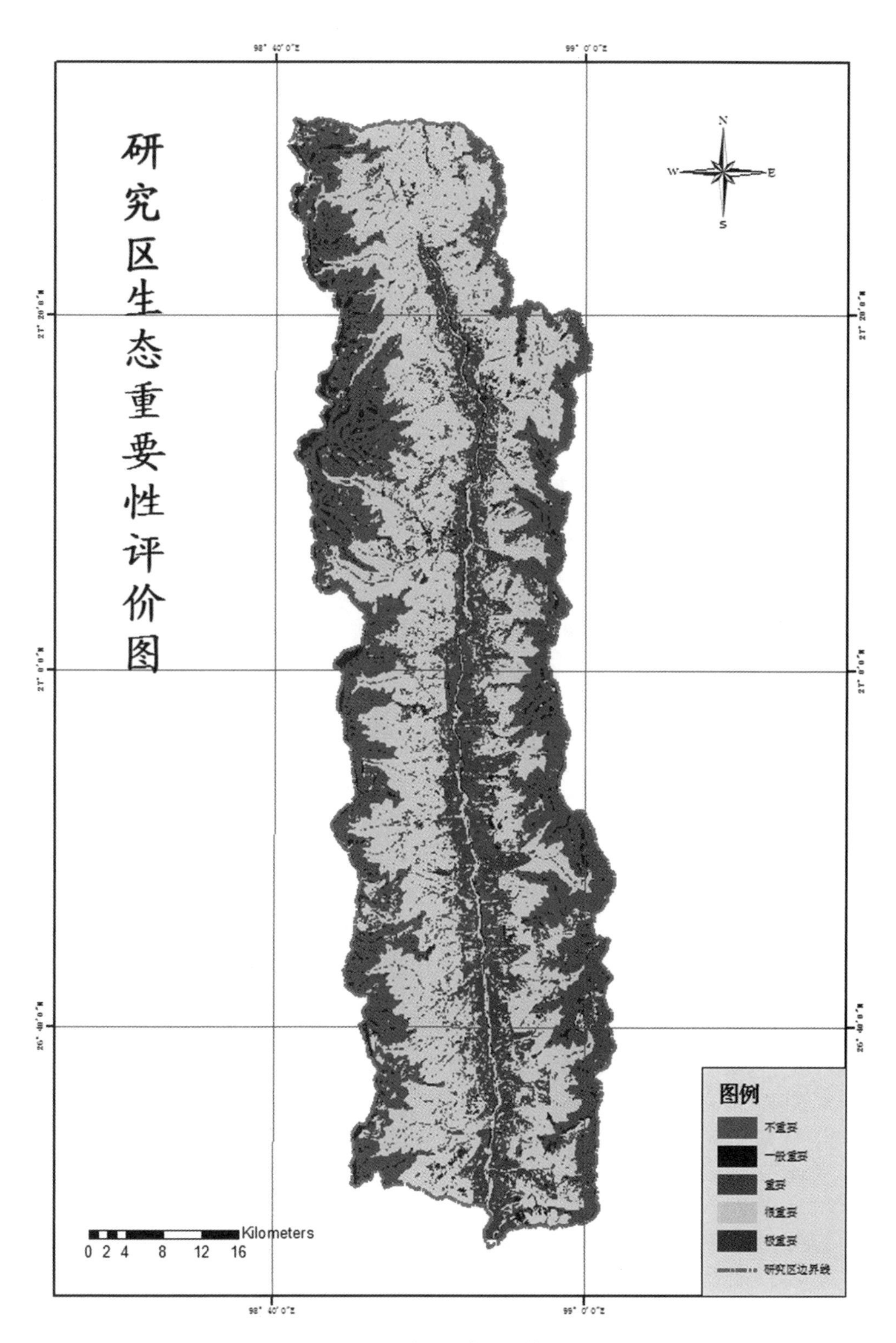

图 6-17　研究区生态重要性评价图

6.3.4 生态重要性评价

从上图和上表可以得出生态重要性评价如下：

①极重要的地区主要分布在海拔1300m以上的河谷地区，面积312.18km^2，占研究区总面积的11.43%。该区是以灌草丛为主的土地利用方式，在河谷低海拔地带，灌草丛分别在不同坡位和立地上大面积连片分布，受人类干扰较为严重，是季风常绿阔叶林因人为开垦或破坏后的结果。生境极度敏感，土壤侵蚀程度高，对整个流域生态环境的保护极为重要。

②很重要地区占研究区的比例最大，达到了48.01%，面积为1310.97km^2，主要分布在海拔1800~3100m的地区。该区的植被类型以半湿润常绿阔叶林和中山湿性常绿阔叶林为主，所分布地段坡度陡峻，且地表岩石裸露，林地保水性能差。这些地区对于水土保持、水源涵养、维持生态平衡等作用甚大，是良好的动物栖息繁衍场所，亦是丰富的生物种质库，是本研究区生物多样性保护最为关键的地区。

③重要地区的面积仅次于很重要地区，达961.61km^2，占研究区总面积的35.22%，主要分布在海拔3100m的地区。这些地区多盛行强风，土层多浅薄故林木生长低矮、弯曲，随着海拔的升高，气候温凉多雨，经常处于浓雾之中，致使林内地表、岩石、树枝上苔藓等附生植物丰富，该区并非生境最敏感的区域，但对于水土保持、防止崩塌，维护生态平衡具有重要作用，是生态系统保护的重要地区。

④一般重要地区呈斑块状散布在整个研究区内，其面积较小，为144.53km^2，占研究区总面积的5.29%。该区分布较为零散，多集中在山脊或沿江地带，从现场考察的情况来看主要为出露的硬岩层，形成陡峭的山坡、断崖或激流瀑布。而在海拔较高的山顶顶部多冰碛物、冻土堆积物和强烈物理风化物，具备丰富的碎屑物质，加上陡峭而缺少植物保护的山坡以及丰沛的降水，为滑坡、崩塌、泥石流等地貌形成与发展创造了极为有利的条件。因此，本区也是生态系统保护比较重要的地区。

⑤不重要地区的面积最小，为109.55km^2，占研究区总面积的0.04%，主要分布在人类聚居区。该区多沿怒江河谷分布，可看作是高密度建筑区与其周围环境组成的开放的人工系统，该系统被人为地改变了结构、物质循环和生态环境。人类聚居区与生物群落不同，它是以人类技术和社会行为为主导，生态代谢过程为经络，受自然生命保障系统所供养的人工生态系统，是人口最为集中，人为扰动最为强烈的特殊生态系统。本区的自然生态系统由于人为扰动属于不敏感地区，由于多建于地形较为平坦的地带，土壤侵蚀程度也不是非常敏感，因此将其归为生态不重要区。

6.4 小结

(1)研究区是土壤侵蚀高敏感的地区

①本区地势陡峭，坡度大，极易造成水土流失，同时，降水多且集中，成为地面侵蚀的直接动力，为土壤侵蚀提供了条件。

②本区作为全省降水量较多的地区之一，各河流的径流量或产水量丰富，降水是地表径流的来源，成为地面侵蚀的直接动力，随着河流的深切，河流或溪流两侧的峭壁极易崩

塌，若不加注意，破坏了两岸的植被，这种崩塌和垮落的现象更易出现。另外，过多和集中的降水，又是滑坡与泥石流强烈活动的前提，土壤侵蚀力敏感性极高。

③植被的破坏易导致水土流失。近年来，随着居住人口的增多，乱砍滥伐、毁林开荒、放牧、打猎、采药、烧炭等生产和生活活动不断加强，已给自然资源的保护带来了愈来愈多的不利，尤其是毁林开荒、刀耕火种这种落后的耕作方式目前仍然较普遍，致使部分地区原始森林遭到破坏，珍贵的动植物资源大大减少，山地失去蓄水保土能力，雨滴打击无法减缓，风速加大，加速了对土壤的侵蚀。

④高黎贡山与碧罗雪山是我国西部低纬度和高海拔的巨大山地，受怒江及其支流的深切，形成坡度陡、相对高度大的山体，极易受到侵蚀，敏感等级极高。森林砍伐—开垦山地—水土流失—生产力降低已成为研究区内高黎贡山及碧罗雪山中下部逆向退化的自然景象，随着表土逐年被侵蚀，土壤有机质必然不断减少，土壤中的氮磷钾等养分不断流失，土壤物理性质恶化，局部地区土壤沙化，土壤肥力下降，大大降低了土壤的生产力。土壤与植物之间的恶性循环在部分地区已开始，如让其继续下去，将会破坏土壤资源、植物资源，对本区各种自然资源的保护利用、自然生态系统平衡的保持都十分不利。

(2)土壤侵蚀敏感性与植被之间的关系

①研究区在自然因素的作用下，存在发生土壤侵蚀的可能性较大。但地形起伏因子高敏感或极敏感的区域并没有成为土壤侵蚀的高度敏感区，关键是受到了地表覆盖因子的影响。区内温和湿润的气候、丰富的地表各类水体，为林地的生长与保存提供了必要的条件，高山湖沼、低温多水的环境，又是高山草甸和灌丛生长发育的前提条件。目前本区内高黎贡山的常绿阔叶林是云南省保存最完整的林区之一，并与喜马拉雅山林区连成一片，成为我国较大的一片原始常绿阔叶林区，为保持水土提供了良好的条件。

②研究区目前基本能保持水土，主要是依赖于茂密森林的保护作用及土壤与植物之间的良性循环关系。显然，这种良性循环关系不是一成不变的，一旦土壤遭到破坏，土壤即不能供应植物所需的水肥气热，就会影响，甚至破坏植物生长，植物的破坏又加速了土壤侵蚀，使土壤与植物形成恶性循环。

③在以上分析的各类敏感区域中，最危险的是高度敏感的地区，这类区域也是研究区人口较密集、开发强度较大的区域。该区海拔2200m以下至江边多为山地黄棕壤和间隙性黄红壤、水稻土，抗蚀能力弱，为土壤侵蚀提供了条件，是土壤质地高度敏感地区。在上述区域，由于地形起伏小且自然条件也较好，容易开发利用，加上人口密度大，人类活动强度大，因此长期的人类活动使自然植被受到破坏，造成了严重的土壤侵蚀。揭示了人类活动对地表覆盖的干扰作用，建筑、修路等各类建设活动对土壤侵蚀的响应程度呈正比关系，应该采取有效的防治措施以减少土壤侵蚀。

(3)研究区是生境敏感性高的地区

本区生境高敏感度和极高敏感度的区域分别占到了33.47%和28.41%，属于生境敏感性高的地区，这是由于：

①本区在狭小的地域空间内，容纳了寒、温、暖热性植物群落，成为地域性植被类型组合最为丰富的地区，植被类型多样，其植物带谱成为我国从南到北的缩影，物种繁多且具珍稀种、孑遗种和特有种的特点，是难得的物种基因库。其主要原因不仅与其所处位置、现代环境特征直接相关，还与其环境的演化进程密不可分。

②研究区属于青藏高原南延部分，理论上属于热带、亚热带气候区。但由于新构造运动，第四纪冰川和现代河流深切等多重影响，造就了高山深谷相间纵列独特的地貌特点。巨大的相对高差自然形成从亚热带到寒带较为完整的垂直带谱，使得植被类型多种多样。同时从植物区系的分属上看，本区处于泛北极植物区系和古热带植物区系的交汇地带，中国喜马拉雅植物亚区。物种本身具有鲜明的过渡性，南北物种循峡谷通道迁徙扩散，使之混杂分布，必然导致物种的多样性。同时在高大山系的阻挡下，更新世冰期时，北方大陆性寒冷气流难以抵达，自身形成了相对温暖的小环境，使之成为生物的“避难所”，因此产生了许多孑遗种和珍稀种。在这种小环境中，生物保持其自身的演替过程不被间断，由此形成了当地的特有种。

(4) 生态重要性与土壤侵蚀敏感性和生境敏感性相互关联[107]

①生境的敏感性与植被及野生动物的分布密切相关，生境最敏感的区域往往也是生态最重要的区域，因此本区生态重要区域及重要程度应该与生境敏感性相一致，是生物多样性最为丰富的区域，而土壤侵蚀敏感性主要与降雨量、土壤质地、坡度等密切相关，土壤侵蚀高度敏感的区域也往往是生态重要性较高的区域。本章所得生态重要性评价的结果，将为研究区的生态功能区划，特别是自然保护区的划分提供科学的依据。

②生态重要性主要考虑研究区需要发挥水源涵养、水土保持、生物多样性保护、防灾减灾等综合生态服务功能，根据高山峡谷区的特征应该将土壤侵蚀敏感性和生境敏感性结合起来加以分析，既要考虑到土壤侵蚀敏感性又要考虑到生境敏感性，评价结果并不完全等同于单纯的土壤侵蚀敏感性或生境敏感性评价结果，反映了综合评价之后的结果。

Chapter Seven 研究区生态功能区划

7.1 研究目的

生态功能区划是根据区域生态环境要素、生态环境敏感性、生态重要性与生态服务功能的空间分异规律，将区域划分成不同生态功能区的过程。区域内的各种生态因子相互联系，相互制约，形成多样的结构，进行着各种生态过程，为人类提供多种多样的服务功能，构成区域生态环境综合体。按照区域不同等级级别生态环境的整体联系性、空间连续性及相似性和相异性，探讨其生态过程的特征和服务功能的重要性，以及人类活动影响强度，并以此为依据进行空间区域的划分或合并[116]。

自 1976 年美国生态学家贝利首次提出生态区划概念并进行美国生态区划以来，许多学者对生态区划做了大量的研究。欧阳志云等初步揭示了中国生态环境敏感特征及人类活动对生态环境的影响规律[2]。杨勤业等则明确了全国生态地域的基本分区和生态资产的地域分布特征。傅伯杰等在此基础上进行了全国生态环境综合区划的研究。为重新正确认识我国生态环境特征提供了依据[117]。杨树华教授等则开展了云南省生态功能区划的研究，为各区域进一步深入开展区域生态功能区划工作奠定了基础。

生态功能区划是实施区域生态环境分区管理的基础和前提，是研究和编制区域环境保护规划和景观生态规划的重要内容，是在充分考虑区域生态过程、生态系统服务功能以及生态环境对人类活动强度敏感性关系的基础上的综合功能区划。本章在生态重要性评价的基础上，通过对研究区生态系统状况的分析，按照区划的原则和方法，将区域划分为不同级别的功能单元，根据各单元的生态过程特点，生态环境的敏感性及所面临的生态环境问题，进行综合分析和评价，揭示其空间分布规律，制定相应的生态调控对策，以实现区域的可持续发展，也为下一步典型城镇区的规划研究打下基础。进一步明确区域内生态资源的分布规律、生态重要性及其空间布局结构，进而确定区域生态功能区划，揭示各生态区域的综合发展潜力，资源利用的优劣势和科学合理的开发利用方向，以及生态保护的方向和途径。

7.2 生态功能区划的原则和方法

7.2.1 生态功能区划的原则

国家环保总局在《生态功能区划的技术规范》中指出：“生态功能区划根据区域生态环境要素、生态环境敏感性与生态服务功能空间分异规律，将区域划分成不同生态功能区的过程。其目的是为制定区域生态环境保护与建设规划、维护区域生态安全以及资源合理利用与工农业生产布局、保育区域生态环境提供科学依据。并为环境管理部门和决策部门提供管理信息与管理手段。”按照技术规范的要求，并参考《云南省生态功能区划研究报告》，研究区生态功能区划的主要原则是：

(1) 可持续发展原则

生态功能区划的目的是促进资源的合理利用与开发，避免盲目的资源开发和生态环境破坏，增强区域社会经济发展的生态环境支撑能力，促进区域的可持续发展。

(2)生态保护与经济协调发展原则

生态功能区划的目的是为了满足人类需求及对区域生态环境安全的重要性。掠夺式、粗放式的经济发展模式是导致当前生态环境恶化的主要因素之一。大力保护和恢复生态环境就成了研究区可持续发展的首要任务。而研究区地处我国西南边陲，地形复杂，生存条件恶劣，自古交通不便，当地傈僳族和怒族居民生活条件也非常落后，随着经济的发展，人民群众有着迫切改善生存条件的愿望，所以，经济发展也是摆在人们面前的一个重大任务。因此，生态功能区划应根据不同区域的生态环境条件、资源禀赋和人类活动强度来因地制宜的划分，以使生态保护和经济协调发展。

(3)主导因素和综合分析相结合原则

生态功能区划必须以区域生态系统的协调发展为原则，遵循主导因素与综合分析相结合的原则，确定不同区域的主体功能；以生态结构和地域个体本身的综合特征作为区划的基础，在分区时挑选出一套相互联系的标准作为确定区界的依据，而主导因素则是强调区域的主体功能，突出区域在生态保护和经济发展中的主体作用和地位。

7.2.2 区划的等级

生态功能区的划分根据不同地区的生态服务功能、生态敏感性和不同的土地利用方式进行。

进行研究区生态功能区划，是为了改善区域生态环境质量、维护区域生态安全，进而为区域景观生态规划提供科学的依据。不同生态功能区主要反映在生物多样性保护、土壤保持、水源涵养、生态农业建设、生态城镇建设和生态旅游开发等六个方面。研究区生态功能区划划分的依据见表 7-1：

表 7-1 生态功能区划分依据

功能区类型	选择图层	划分标准
生物多样性保护区	自然保护区分布图	国家级自然保护区，重要的省级保护区
	生境敏感性评价图	生境极敏感地区
	植被图	地带性植被分布的集中地区
水源涵养区	水系图	大流域的分水岭或河流的上游地区
	卫星影像图	流域的山脊地区
	植被图	植被覆盖较好的地区
土壤功能保持区	水系图	水系的上游地区
	土壤侵蚀敏感性评价图	极度及高度敏感地区
	卫星影像图	河谷地区
生态农业建设区	土地利用现状图	耕地集中分布区
	坡度图	坡度 25 度以下地区
	卫星影像图	河谷地势较平坦地区
生态城镇建设区	土地利用现状图	城镇分布区、耕地分布集中区
	基础设施分布图	基础设施分布密集地区
	公路图	交通通达性较好地区
生态旅游开发区	旅游资源分布图	重要旅游资源分布区
	公路图	通达性较好地区

7.2.3 划分方法

研究区生态功能区划采用地理信息系统支持下的多因子叠置分析法。从区域的生态系统类型结构及其组合规律、土地利用现状两个方面来考虑，进行多因子信息的综合分析，分析生态保护和景观生态规划的总体目标及其与各种因子和不同区域的关系，确定区域的主体生态服务功能。在此基础上，在 ARC/INFO 和 ARCVIEW 软件的支持下，划分研究区的生态功能区。

7.3 研究区生态功能区划方案

7.3.1 分区命名

生态功能区单元的命名是生态功能规划中的重要环节，是不同单元功能的具体体现和标识。区划应体现研究区生态环境的特点、不同的生态功能在生态保护和景观规划中的作用。

根据研究区的实际情况，参考《生态功能区划暂行规程》中的要求和云南省生态功能区划，研究区生态功能区划的命名由地名 + 地形 + 主要生态功能构成。

7.3.2 区划系统

在《云南省生态功能区划研究报告》中将本区划分为怒江高山峡谷生物多样性保护区，主要体现了分区的生态系统类型组合特征、优势生态系统类型和地貌特征。在本研究区的进一步生态功能区划中，将根据其在本区中的生态重要性和生态环境敏感性等特点，主要体现各分区的生态服务功能。

研究区生态功能区划系统为一个等级，包括 6 个类型，共 15 个生态服务功能区（表 7-2、图 7-1）。

表 7-2 研究区生态功能区划系统

生物多样性保护区	Ⅰ—1 架科底——匹河中高山生物多样性保护区
水源涵养区	Ⅱ—1 怒江左岸鹿马登——上帕中高山水源涵养区
	Ⅱ—2 怒江右岸马吉、鹿马登中高山水源涵养区
	Ⅱ—3 怒江右岸上帕、匹河中高山水源涵养区
土壤功能保持区	Ⅲ—1 怒江右岸马吉——利沙底中山土壤保持功能区
	Ⅲ—2 怒江左岸利沙底——鹿马登中山土壤保持功能区
	Ⅲ—3 上帕、架科底、匹河中山土壤保持功能区
生态农业建设区	Ⅳ—1 马吉——利沙底河谷生态农业建设区
	Ⅳ—2 鹿马登——上帕河谷生态农业建设区
	Ⅳ—3 上帕——架科底河谷生态农业建设区
生态城镇建设区	Ⅴ—1 福贡县县城河谷生态城镇建设区

（续）

生态旅游开发区	Ⅵ—1 月亮山中高山生态旅游开发区
	Ⅵ—2 古丹傈僳族村落中山生态旅游开发区
	Ⅵ—3 千底衣比湖高山生态旅游开发区
	Ⅵ—4 七连湖高山生态旅游开发区
	Ⅵ—5 老姆登中山生态旅游开发区

7.3.3 生态功能分区概述

(1) 生物多样性保护区

Ⅰ—1 架科底——匹河中高山生物多样性保护区

本区属于怒江自然保护区南区北段，面积共356.67km^2，占研究区总面积的12.95%。它是亚高山针叶林生态系统多样性保护的重要地区。生态类型以中山湿性常绿阔叶林、寒温性针叶林和针阔混交林为主，土壤由黄棕壤、棕壤、暗棕壤、高山草甸土等构成，年降雨量1500~4000mm左右。它与怒江自然保护区贡山片区以及研究区的大面积森林共同组成了怒江流域的自然保护系统，并成为这一系统中最重要的组成部分。

本区的森林植被最完整，生物多样性最丰富，所发挥的生态经济效益也最显著。其主要生态功能是：保护怒江自然保护区的中山湿性常绿阔叶林、温性、寒温性针叶林生态系统及濒危珍稀树种，特有种、珍稀野生动物，保护丰富的生物多样性。

本区是整个研究区特有种的分布中心之一，时间和空间上的环境异质性则增加了生物多样性。然而，异质环境也增加了生态系统的脆弱性，多样性越丰富，每个种的生态位越小，因而受威胁程度增加。本区河谷地段居民集中，对环境的干扰破坏严重，易使生态系统丧失其适宜的功能和稳定性。

作为“具有世界意义的陆地生物多样性关键地区”和“重要的模式标本产地”在研究区中应予以保护，疏散本区人口，降低人为的干扰和破坏，禁止任何形式的破坏性开发，保证植被斑块的完整性和连续性，采取严格封山管护。对于遭受人为干扰与破坏严重的疏林地或相对次生的植被类型(半湿润常绿阔叶林、暖温性针叶林)，应把重点放在促进植被恢复上。

(2) 水源涵养区

①Ⅱ—1 怒江左岸鹿马登——上帕中高山水源涵养区。

本区位于鹿马登乡和上帕镇境内，总面积为342.63km^2，占研究区总面积的12.43%。

本区为怒江的中游地区左岸，地貌以高山峡谷为主，降雨量1500~3000mm，主要植被类型为常绿阔叶林、针阔混交林及寒温性针叶林，土壤垂直地带性明显，海拔由低到高依次表现为红壤、棕壤、黄棕壤、暗棕壤、亚高山草甸土。

本区的主要生态功能是森林涵养水源的功能，即森林涵养水分湿润土壤和补给地下水，调节河川流量的功能。

该区靠近县政府所在地上帕镇，相对人口密度较大，刀耕坡种及城镇建设等人为干扰破坏较为严重，使得该区域的许多生态系统的分类类群成分日益贫化，结构上越发单调，使原有的生态系统功能丧失。

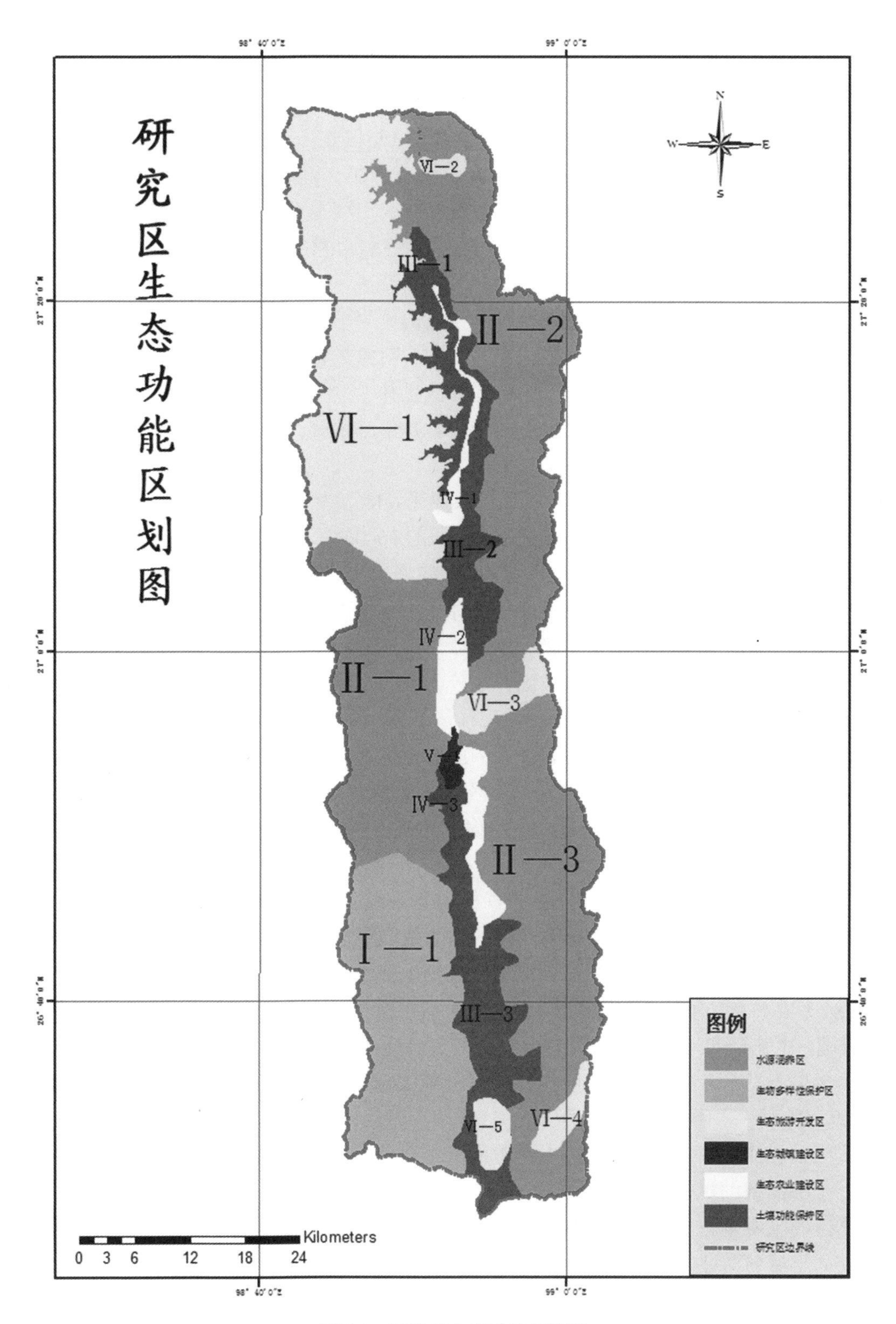

图 7-1 研究区生态功能区划图

生态保护和建设的方向是保护好现有森林植被，降低人为干扰和破坏的程度，将坡度在25°以上的用地退耕还林，及时更新采伐迹地，恢复森林植被。

②Ⅱ—2 怒江右岸马吉——鹿马登中高山水源涵养区。

本区总面积为473.32km^2，占研究区总面积的17.17%。

本区为怒江的中游地区右岸，地貌以高山峡谷为主，降雨量1500~2000mm，主要植被类型为常绿阔叶林、针阔混交林及寒温性针叶林，土壤垂直地带性表现明显，海拔由低到高依次表现为红壤、棕壤、黄棕壤、暗棕壤、棕色针叶林土、亚高山草甸土。

本区的主要生态功能是：涵养水源，调节河川流量。

该区属于碧罗雪山，地势坡度相比较高黎贡山更为平缓一些，居民除沿怒江江边分布之外，还分布于海拔2000~2500m的碧罗雪山中，对海拔较高地带的植被生态系统有较大干扰，使村落附近的原生态森林演变为耕地和次生林。

生态保护和建设的主要方向是保护和恢复森林生态系统，减少人为干扰和破坏，禁止砍伐森林，保护水源地。

③Ⅱ—3 怒江右岸上帕——匹河中高山水源涵养区。

本区总面积为442.79km^2，占研究区总面积的16.06%。

本区为怒江的中游地区右岸，地貌以高山峡谷为主，降雨量1200~2000mm，主要植被类型为灌木林、针阔混交林及寒温性针叶林，土壤垂直地带性表现明显，海拔由低到高依次表现为红壤、棕壤、黄棕壤、暗棕壤、亚高山草甸土。

本区的主要生态功能是发挥森林涵养水分，湿润土壤和补给地下水的作用，调节和稳定河流沟溪的枯洪季节流量。

该区部分区域为原怒江州首府碧江县的所在地，在20世纪50~60年代期间曾进行过大规模的城市建设活动，因此而造成了该区域大面积滑坡，泥石流等自然灾害较为频繁。1986年撤县改村之后，自然生态得到一定程度的恢复，但坡耕壁种等现象较为突出，生态的自然恢复较为缓慢。

生存保护和建设的主要方向是保护森林生态系统，将坡度在25°以上的用地退耕还林，使现存的由于人为干扰或破坏而产生的次生植被群落小斑块(荒草地、灌木林)面积逐步缩小，依据海拔高度，逐步恢复为该地带的原生植被群落类型。

(3)土壤功能保持区

①Ⅲ—1 怒江右岸马吉——月亮山中山土壤保持功能区。

本区位于马吉乡和月亮山乡境内，大部分地处怒江左岸，有少部分分布在怒江右岸，面积69.67km^2，占研究区国土面积的2.53%。

本区是怒江流域在研究区内的中上游地区，地貌以高山峡谷为主，海拔1300~1800m左右，土壤类型主要有红壤和黄棕壤。年降雨量1100~1300mm。植被类型主要为灌木林。

本区的主要生态功能是通过植被的作用，降低土壤侵蚀模数、减少土壤侵蚀量，从而达到控制土壤的面蚀、沟蚀等重力侵蚀的功能。

该区靠近怒江江边，由于地质条件的影响，多为峭壁陡崖，人为干扰活动十分明显，大多数区域仍保留了原生态的植被系统，少部分区域出现弃耕之后的荒草地。

生态保护和建设的主要方向是保护现状植被生态系统，可适当开展生态观光旅游等活动，体现由野生构成的十里画廊自然景观。

②Ⅲ—2 怒江左岸月亮山——鹿马登中山土壤保持功能区。

本区位于月亮山乡和鹿马登乡境内，大部分地处怒江右岸，有少部分分布在怒江左岸，面积为94.28km^2，占研究区国土面积的3.42%。

本区是怒江流域在研究区内的中上游地区，地貌以高山峡谷为主，海拔1300~2800m左右，土壤类型主要有红壤、黄棕壤和棕壤。年降雨量1100~1300mm。植被类型主要为灌木林。

主要生态功能是通过森林林冠截留降雨，减低雨水到达地面的高度，从而减少暴雨冲击地面的功能；利用林下的枯枝落叶苔藓层保护土体免受雨滴的直接冲击；发挥森林土壤强大的和植物根系的固土效能，保护地表免受径流冲刷，可以减少土壤侵蚀量，防止崩塌、滑坡、泥石流等现象的发生，以保持景观的可持续性和稳定性。

该区人为干扰活动较为明显，大部分用地均从森林植被用地转为转化为荒草地和灌木丛，使得土壤保持能下降。

生态保护和建设的主要方向是保护现有森林植被系统，有效地提高森林斑块的生态连接度，以提高水土保持和水源涵养效果。

③Ⅲ—3 上帕——匹河中山土壤保持功能区。

本区位于上帕镇、架科底乡、子里甲乡和匹河乡境内，面积161.87km^2，占研究区国土面积的5.87%。

本区是怒江流域在研究区内的中下游地区，地貌以高山峡谷为主，海拔1100~2500m左右，土壤类型以红壤为主。年降雨量1100~1300mm。植被类型主要为灌木林。

本区主要生态功能是通过森林的作用，降低土壤侵蚀模数，减少土壤侵蚀量，从而达到培制土壤的面蚀，沟蚀等重力侵蚀和崩塌、滑坡、泥石流等现代加速侵蚀的功能，防止及削弱下游沤涝、泥石流灾害对农田、村庄、学校和道路等的危害。

本区是整个研究区中人为干扰段为严重的区域之一，由于农耕和城市建设的影响，近河岸植被遭到破坏，植被退化，景观异质性低且多由不稳定的景观要素构成，森林的斑块破碎化严重，对研究区的景观可持续性和生物多样性保护构成了威胁，滑坡、泥石流、崩塌现象时有发生。

生态保护和建设的主要方向是加强河岸森林规划建设和退耕还林工程，促进灌木林和荒草地向半湿润常绿阔叶林或中山湿性常绿阔叶林方向进行正向演替。拦截和过滤坡地到河流的景观流，达到拦蓄洪水、降低崩塌、滑坡、泥石流等自然灾害的影响。

(4) 生态农业建设区

①Ⅳ—1 马吉——月亮山河谷生态农业建设区。

本区位于马吉乡和月亮山乡境内的河谷地区，面积22.70km^2，占研究区总面积的0.82%。

本区是马吉乡和月亮山乡耕地的主要分布地区，地貌以高山峡谷为主，海拔1300~1500m左右，土壤类型以红壤为主。年降雨量1300~1500mm。用地类型主要为耕地。

本区的生态服务功能是发展多种经济作物为主的生态农业。

由于本区地势较为陡峻，难于觅到较为平坦的耕地，坡度在25°以上的耕地占了一定的比例，森林破坏严重，次生灌丛显著增加，陡坡垦殖导致了一定程度的水土流失和土地退化。

生态保护和建设的主要方向是根据本区的地形地貌特征，针对本区的主要生态问题，调整产业结构，改变耕作方式，防止土壤侵蚀和土地退化。

②Ⅳ—2 鹿马登——上帕河谷生态农业建设区。

本区位于鹿马登乡和上帕镇境内的河谷地区，面积 34.42km^2，占福贡县国土面积的 1.52%。

本区是研究区主要的粮食产地，耕地集中、连片分布。海拔 1200~1800m，土壤类型以红壤为主，年降雨量 1300~1500mm，土地利用类型主要为耕地。

本区的主要生态服务功能是发展以林业和多种经济作物为主的生态农业。

由于人口的进一步迅速增加，人为干扰活动和强度相应进一步增大，毁林开荒，陡坡垦殖等土地不合理方式更加突出，森林进一步遭到破坏，同时经济林地的种植面只和范围也不断扩大，使景观格局更加破碎化。

生态保护和建设的主要方向是调整产业结构，坡度在 25°以下的区域需严格保护基本农田，保障商品粮的生产；而坡度在 25°以上的区域则严格退耕还林，发展循环经济，改变耕作方式，推行清洁生产，防止土壤侵蚀和土地退化。

③Ⅳ—3 上帕——架科底河谷生态农业建设区。

本区位于上帕镇和架科底乡境内怒江右岸的河谷地带，面积 38.44km^2，占研究区总面积的 1.39%。

本区集中了架科底乡的大部分耕地。海拔 1200~2200m，土壤类型为红壤。年降雨量为 1100~1500mm。土地利用类型主要为耕地，其次为灌木林。

本区主要生态服务功能是发展以多种经济作物为主的生态农业。

本区由于在“大跃进”和“人民公社化”时期森林砍伐过度和毁林开荒较为严重，人口逐年增加导致了耕地的逐年增加，而本区平地极少，使陡坡地逐渐开垦为耕地，由于森林地的逐步破坏，加上气候、地貌等因素影响，使本区洪水、泥石流等山地自然灾害逐年增多。

生态保护和建设的主要方向是调整改变种植业结构，发展为以生态农园和生态渠为主的土地利用模式，既可供旅游观光，又可生产生态蔬菜和水果以发展经济。为防止水土流失，坡度在 25°以上的区域实行严格退耕还林。

(5) 生态城镇建设区

Ⅴ—1 福贡县县城河谷生态城镇建设区。

本区包括福贡县城及周边地区，面积 9.9km^2，占研究区总面积的 0.36%。

本区地貌以河流冲积扇为主，年降雨量为 1300~1500mm。大部分地区以红壤为主，海拔 1200~1500m，大部分地区为城镇建设用地、耕地和灌木林。

本区是研究区人口密度最大的地区，人类活动最为集中、城市化进程最快和开发强度最大的地区，是福贡县的政治、经济、文化的中心。

本区主要生态服务功能是维护城镇及其周边地区的生态安全。

人口的逐年增长导致了居民地的逐年增加，因受地形地貌条件的制约，加之社会、历史、经济、技术等诸多原因，人们在景观空间上开发土地，利用土地的活动显得杂乱无章，不仅城镇建设用地所形成的嵌块体的周边形状很不规则，呈极其复杂的曲线变化，还相应影响到其他嵌块体的周边形状亦进一步复杂化。同时由于森林地的逐步破坏，加上气候、地貌等因素影响，本区洪水、泥石流等山地灾害逐渐增多，在城区附近的怒江两岸逐渐形成了一些裸岩石砾地。

根据本区的生态环境特点和主要生态服务功能，生态保护和建设的主要方向是调整城镇布局形态，加强城区绿地系统和避震防灾系统的建设，引导高山峡谷类型城镇的生态建设。

(6)生态旅游开发区

①Ⅵ—1 月亮山中高山生态旅游开发区。

本区海拔在3360~4400m之间，总面积597.87km^2，占研究区总面积的21.69%，该区为世界自然遗产地“三江并流”国家级重点风景名胜区的十大核心景区之一。

本区位于研究区内月亮山乡怒江西岸，地貌以高山峡谷为主，降雨量1500~3000mm，主要植被类型为寒温灌丛、寒温性针叶林及常绿阔叶林，土壤垂直地带性表现明显，海拔由低到高依次表现为黄棕壤、棕壤、暗棕壤、亚高山草甸土。

本区的主要生态服务功能是以高山峡谷风光为主的生态旅游。

本区存在的主要生态问题是边疆民族地区落后的生产方式对生态环境带来的反复干扰和破坏，以及旅游活动所带来的生态环境破坏和污染。

生态保护和建设的主要方向是认真做好生态旅游规划，防止景区开发旅游带来的环境负面影响，改变落后的生产方式，防止生境破坏和物种丧失，限制外来物种的引种，限制经济开发活动，发展以垂直地带性植被和喀斯特观赏为主的生态旅游。

②Ⅵ—2 古丹傈僳族村落中山生态旅游开发区。

本区位于马吉乡境内，面积8.77km^2，占研究区总面积的0.32%。

本区是福贡县近期拟开发的生态旅游区之一。本区地貌为高山山地，土壤类型为黄棕壤、棕壤、暗棕壤，海拔1300~2400m，降雨量1500~2000mm，植被类型主要为灌木林和中山湿性常绿阔叶林。

本区的主要生态服务功能是以高山峡谷风光为主的生态旅游。

本区存在的主要生态问题是随着人口的不断发展，村落呈无序发展的态势，落后的生产方式也对生态环境带来反复干扰和破坏。

生态保护和建设的主要方向是限制村落的无序发展，保护原生态的森林植被，因地制宜地发展多种形式的生态农业，发展生态旅游，在生态旅游发展中，注意保护特有的民族文化风情，防止由于旅游带来的负面影响。

③Ⅵ—3 干地衣比湖高山生态旅游开发区。

本区位于上帕镇境内，面积38.74km^2，占研究区总面积的1.41%。

本区是福贡县远期开发的生态旅游区之一，海拔1400~4100m。本区的核心——干地依比湖处在海拔3800m，是由亿万年前冰川消融形成，湖水源于消融的冰雪，湖水清冽，景色迷人。土壤类型以红壤、黄棕壤、棕壤、暗棕壤、棕色针叶林土和亚高山草甸土为主。降雨量1500~2000mm，植被覆盖以寒温灌丛、中山湿性常绿阔叶林、寒温性针叶林和竹林为主。

本区的主要生态服务功能是以生物多样性保护和以高山湖泊，垂直地带性植被观光为主的生态旅游。

本区存在的主要生态问题是在海拔2000m以下的区域仍较多地受到了人为干扰的影响，陡坡垦殖现象随处可见，部分区域土地不合理利用造成了水土流失和土地退化，间接或直接影响到生态旅游开发区的生态环境。

生态保护和建设的主要方向是保护现有森林生态系统，坡度在25°以上的用地实行退耕还林，保护生物多样性，防止水土流失和土壤退化。积极发展生态旅游，在生态旅游中，注意植被的保护，防止由于旅游带来的环境不利影响。

④Ⅵ—4 七连湖高山生态旅游开发区。

本区位于匹河乡境内，面积24.94km^2，占研究区总面积的0.9%。

本区是福贡县远期开发的旅游区之一。由于海拔较高，比较适合徒步。海拔2000~3900m，降雨量1500~2000mm，土壤类型主要为红壤、黄棕壤、棕壤、暗棕壤、棕色针叶林土、亚高山草甸土。植被覆盖类型主要为中山湿性常绿阔叶林、针阔混交林和寒温性针叶林。

本区的主要生态服务功能是以中山湿性常绿阔叶林、针阔混交林和寒温性针叶林为主的生物多样性保护和以高山湖泊、高口峡谷风光为主的生态旅游。

本区存在的主要生态问题是当地少数民族落后的生产方式对生态环境带来的反复干扰和破坏，对生态环境有一定的破坏和污染。

生态保护和建设的主要方向是认真做好生态旅游规划，防止景区开发旅游带来的负面影响，改变落后的生产方式，防止生境破坏和物种丧失，限制外来物种的引种，发展生态旅游。

⑤Ⅵ—5 老姆登中山生态旅游开发区。

本区位于匹河乡境内，面积24.92km^2，占研究区总面积的0.9%。

本区是福贡县近期开发的重要旅游地之一，主要旅游资源包括老姆登怒族村落、知子罗老碧江县城和飞来石地质景观。海拔1100~2500m，土壤类型以红壤为主，年降雨量1100~1300mm。主要的植被覆盖类型为灌木林，其次为耕地。

本区的主要生态服务功能是开展多种经济形式的生态农业和以怒族特色民俗文化，老碧江县城、飞来石等地质(灾害)景观为主的生态旅游。

本区曾是怒江州原州府所在地老碧江县城，城镇建设和农业开发等人为干扰对本区产生了较大影响，土地的不合理利用造成了滑坡、泥石流和崩塌等自然灾害现象，给环境带来了负面影响。

生态保护和建设的主要方向是因地制宜地发展多种经济形式的生态农业，逐步恢复原生植被群落类型，防止滑坡、泥石流、崩塌等自然灾害的发生；大力发展生态旅游，注意保护特有的地质景观和怒族文化风情，防止由于旅游带来的环境不利影响。

7.4 小结

①制定基于生态重要性评价的生态功能区划是区域生态系统可持续发展的重要保证。针对区域生态空间特征，生态功能区划将增强整个研究区的社会经济发展的生态环境支撑能力，避免盲目的资源开发和生态环境破坏，促进资源的合理利用与开发。

②在生物多样性保护区、水源涵养区、土壤功能保持区、生态农业建设区、生态旅游开发区和生态城镇建设区等6个类型，15个生态服务功能区中，生物多样性保护区、土壤功能保持区和水源涵养区均为保护性单元，生态农业建设区为生产性单元，生态城镇建设区为人工单元，生态旅游开发区为调和性单元。

③研究区西南部高黎贡山一侧的生物多样性保护区，是亚高山针叶林生态系统多样性保护的重要地区，是怒江自然保护区位于福贡县县域内的地段，是研究区生物多样性保护的重要地区，属于生态很重要区。本区的生态服务功能是以生物多样性保护为主，促进植被恢复。生态保护和建设的主要方向是加强自然保护区管理，限制发展经济作物和农业生产，禁止外来物种的引种、矿业开发和水电开发等经济开发活动。

④位于研究区内怒江左右两岸的水源涵养区，是本区占地面积最大的区域，自然植被保存较好，以原生植被群落大斑块为主，镶嵌有由人为干扰或破坏而产生的次生植被群落小斑块(荒草地、灌木林)，属于生态很重要区和生态重要区。本区的生态服务功能是水源涵养，恢复地带的原生植被群落类型。生态保护和建设的主要方向是进行长期严格的封山管护，限制发展大规模经济作物和农业生产，禁止矿业开发和水电开发。

⑤土壤功能保持区多处于研究区低海拔河谷地带，人为活动是其主要干扰因子，森林的斑块破碎化严重，景观异质性低且多由不稳定景观要素组成，易形成滑坡、泥石流等灾害，是研究区中生境敏感性高以及土壤侵蚀敏感性极高的区域，属于生态极重要区。本区的生态服务功能是提高水土保持和水源涵养效果，保持景观的可持续性、稳定性。生态保护和建设的主要方向是河岸森林规划建设和经营管理，强化荒山造林与25°坡度以上用地退耕还林工程。限制发展大规模经济作物和城镇建设活动，禁止大规模的坡耕壁种等原始农业生产方式和修路等工程建设的破坏。

⑥沿研究区怒江左右两岸分布的生态农业建设区，人为活动十分强烈，农地面积及其分布变化明显，土地利用方式以耕地为主，其次为灌木林。本区的生态服务功能是以各种经济作物为主的生态农业，属于生态重要区。生态保护和建设的主要方向是适当调整改变种植业结构，发展生态农业，限制发展大规模经济开发活动，禁止矿业开发和水电开发。

⑦位于研究区中部的福贡县城区作为生态城镇建设区，是人类活动最为集中和开发强度最大的地区。本区的生态服务功能是建立起城镇发展与自然环境保护的生态优化格局，引导高山峡谷类型城镇的生态建设，属于生态不重要区。生态保护和建设的主要方向是保留对城镇健康合理发展具有重大意义的生态环境敏感区，建设生态城镇，限制过大规模集中连片发展。

⑧集中连片分布于研究区西北部的“三江并流”国家级风景名胜区月亮山景区是本区旅游资源最为丰富的区域，是“三江并流”风景名胜区的代表性景区之一，突出反映了风景名

胜区的地质地貌资源、生物资源、自然景观资源和人文景观资源。其余生态旅游区多分布于碧罗雪山海拔 2000m 以上的区域，自然植被保存较好、旅游资源丰富，属于生态很重要区和生态重要区。本区的生态服务功能是加强对世界自然遗产、自然景观和生物多样性的保护，适度开发生态旅游。生态保护和建设的主要方向是调整产业结构，开展生态旅游，限制大规模设施及工程建设，禁止矿业开发和水电开发。

⑨生态功能区划是本研究区生态建设的重要依据，各生态功能服务区的发展应该在生态功能区划的总体框架下，结合各区特点，充分认识到生境敏感性、土壤侵蚀敏感性和生态系统服务功能的重要性，在合理的生态安全阈值内，将研究区建设成为生态环境良好，经济发展的多民族地区。

⑩生态功能区划为研究区内各生态功能区的生态格局与生态保护策略的规划和制定奠定的基础，特别对于生态城镇建设区和生态旅游区等人为干扰较大的区域的开发建设有科学指导意义。

Chapter Eight 研究区典型城镇景观生态安全格局规划

8.1 研究目的

高山峡谷区城镇由于受到区域生态环境的制约，适合城镇建设的用地较少，且易受滑坡、泥石流等自然灾害的影响，景观生态安全格局规划的研究是城镇健康、持续发展的重要保证。

根据等级原理，可将研究区视为由具有离散性等级层次组成的等级系统，而整个研究区作为自然生态单元，实际上是一个区域生态景观，由多种类型担负着不同生态与经济功能的生态系统所组成，区域表现出整体特征，而城镇等低层次则对区域等高层次表现出从属性或受制约性，成为控制区域功能的镶嵌体。因此，城镇景观生态安全格局规划需在区域生态重要性评价和生态功能区划的指导下进行，并掌握高山峡谷区的生态脆弱性等特点，使区域成为具有人类社会经济功能的复合生态系统。城市在整个区域所占的面积虽然较小，但由于其特殊的生态系统与一般自然的生态系统有较大不同，自然生态系统从生产者到消费者通常表现为正金字塔形，而城市生态系统不仅使原有的自然生态系统的组成和结构发生了改变，生产者与消费者之间呈倒金字塔形，必须靠外部所提供的植物产量来满足城市生态系统消费者的需求。城市生态系统作为一个整体向外部系统全方位开放，既从外部系统输入能量、物质和信息等，也向外部系统产品以及改造后的能量和物质。必然对城市外围的自然系统产生较大的影响和辐射效应，也会导致区域生态系统的改变甚至破坏，而区域的生态系统也将对城市的整体扩张产生响应。

研究区典型城镇景观生态安全格局规划是基于整个研究区的生态重要性评价和生态功能区划，选择具有重要生态变化的受胁迫生态过程，保护那些对维护和控制这些生态过程具有关键性作用的区域；也就是在保证区域自然生态系统服务功能不受损的条件下，分析城市建设的生态限制因素，评价不同区域对城市发展生态适宜程度，得到城市发展的空间布局[118]。

城市景观生态规划的意义在于通过对城市空间环境的合理组织，营造一个符合生态良性循环，与外部空间有机联系，内部布局合理，景观和谐的城市生态系统，以促进城市的可持续发展。

8.1.1 景观生态安全格局的概念

“生态安全”简单地说就是使个体或系统不受到侵害和破坏。包含了两重含义：其一是生态系统自身的安全性及结构的完整性；其二是生态系统所提供的生态服务功能能否满足人类的安全及生存的需求。从健康系统的角度来看，生态安全是指自然和半自然生态系统的安全，即生态系统完整性和健康的整体水平反映。

区域生态安全格局(the Regional Pattern for Ecological Security)概念定义为针对区域生态环境问题，在干扰排除的基础上，能够保护和恢复生物多样性、维持生态系统结构和过程的完整性、实现对区域生态环境问题有效控制和持续改善的区域性空间格局。其理论依据主要来源于景观生态学中的格局与过程、恢复生态学理论、生态伦理学理论、干扰生态学和生物多样性理论等[119]。

8.1.2 研究区典型城镇景观生态安全格局规划方法

在生态功能分区的基础上，选取生态功能区划中的生态城镇建设区作为景观生态安全格局研究的典型区域。结合基于格局优化的规划和基于干扰分析的两种景观规划方法的优点，针对研究区的景观格局特点，以区域的格局优化为目标，并对影响区域景观安全格局的干扰因素加以分析。

依据等级(系统)理论和城乡规划的基本原理，整个研究区(福贡县)分为县域(整个研究区范围面积 2756.44km^2)→城区(现状面积 0.5km^2，规划面积 1.84km^2~2.29km^2，由于规划方案不同则规划面积不同)两个尺度等级，每一等级在不同景观尺度上所起到的生态功能作用各不相同，但每级组成单元相对于低层次表现出整体特性，而对高层则展现出从属性或受制约性。

在识别本区域潜在的景观生态安全格局和确定本区的景观战略布局中，特别强调景观空间格局(Pattern)对过程(Process)的控制和影响，并试图通过格局的改变来维持景观功能流的健康与安全，尤其强调景观格局与水平运动和流的关系。详见技术路线图(图 8-1)。

在上一章区域生态功能区划的基础上，通过进一步分析影响城市空间扩展的生态约束因子，判别城市规划控制区中潜在的景观生态安全格局，进而明确城区空间扩张的生态安全格局，据此确定城区景观生态安全的战略布局，从而形成城区景观生态安全格局规划，同时在此框架指导下形成多个城区总体空间布局规划方案，并用景观指数加以分析，最终确定最佳方案。

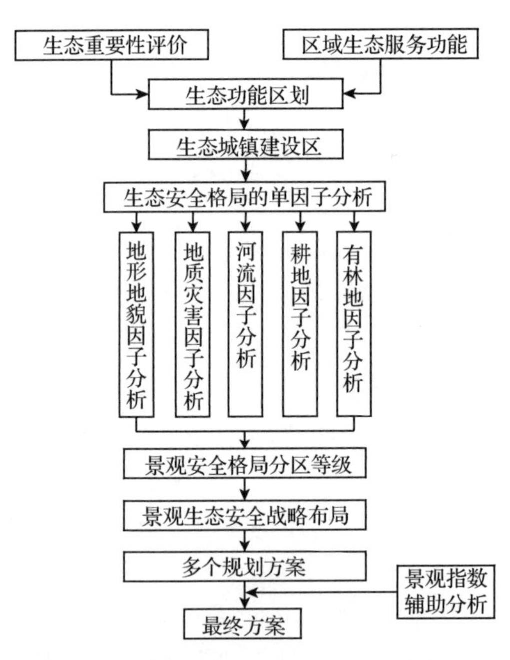

图 8-1 研究区典型城镇景观生态安全格局规划技术路线图

8.2 城市空间扩展的潜在景观安全格局的判别

8.2.1 城市空间扩展的潜在景观生态安全格局的判别方法

根据研究区的区域特征，城市空间的发展方向需要从更大范围空间来进行研究，区域尺度过大且精度不够，本书拟选择在福贡城市规划控制区范围内研究城市空间扩展的主要方向，其中，城市规划控制区用地范围 217.02km^2。根据高山峡谷区的典型特征，选择地形地貌(坡度)、地质灾害、河流、林地和耕地五个要素作为城市空间扩展的生态约束条件，分别制作五个要素的分布图，再相互叠加，根据各个要素具体状况将扩展用地分成4个安全等级区：优先发展区，适合发展区，限制发展区和严禁发展区(表8-1)。

表8-1 研究区城市扩张生态安全等级划分

安全等级	划分依据
优先发展区	未利用地；耕地面积在20%以下；坡度在15°以下的区域
适合发展区	耕地面积在30%~65%的地区；坡度在15~25°间的地区
限制发展区	坡度大于25°；耕地面积在65%以上的地区；有地质灾害潜伏的地区
严禁发展区	水体及其缓冲区、有林地分布区

规划控制区范围内地势起伏较大，可供城市建设的用地较少，用地比较紧张。因此，坡度在10%~25%的用地通过工程处理后，可适当开辟为城市建设用地，划分为城市适合发展区。对于坡度大于25%的用地，不宜开发建设，划分为限制发展区。耕地要素处理是将研究区划分为1km×1km的网格，计算每一个网格内耕地的面积比例，根据该比例的频度分布，确定等级划分的2个临界值分别为30%和65%。

8.2.2 生态安全格局的单因子分析

(1)地形地貌分析

从图8-2中可以看出，规划控制区内有85%以上的土地坡度在25%以上，为城市发展的最大限制因子。福贡县县城上帕镇位于整个规划控制区中部，原是一块由上帕河泥石流冲击面成的河滩小平地，为全县境内最大的冲积扇，地表下层多砾石。怒江由北向南穿越县城，有上帕河和山神庙河从东边穿过县城注入怒江。两侧有高黎贡山和碧罗雪山，地势起伏较大，现城区主要沿瓦贡公路两侧布局，是典型的“带状”峡谷城市。从地质地貌的角度考虑，城市的发展方向为河谷中地势较为平坦的地区。

(2)地质灾害分析

福贡县城上帕镇，即现状建城区所在地，地处怒江东岸，城区北部有上帕河，南部有山神庙河，由于上帕河及山神庙河均属泥石流沟，泥石流在怒江河道的入河口产生堆积，致使河床狭窄，怒江洪水水位增高，水流湍急，对沿岸农田及建成区建筑造成极大危害。自1950年以来，洪峰、滑坡、泥石流多次侵袭县城，给居民生活和国家财产造成巨大损失。

虽然县城内没有滑坡体和冲沟存在，但整个研究区山高坡陡，岩石破碎，土质松散，

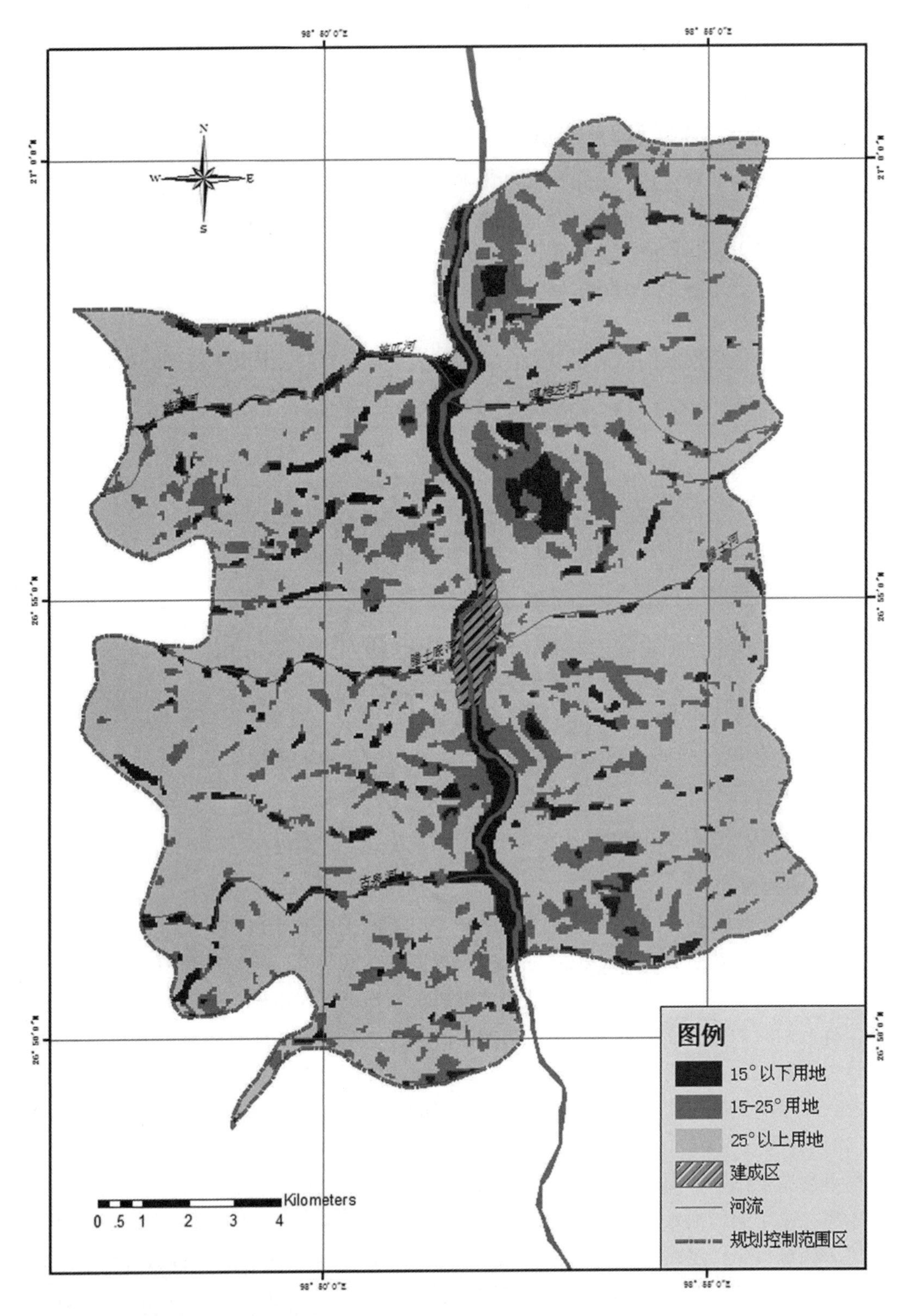

图 8-2 城市规划控制区地形地貌因子分析图

地形呈“V”字型，加之雨量丰沛，属亚热带山地季风气候，暴雨和持续雨等极端气象过程时有发生，容易造成泥石流和滑坡。从地质灾害这一角度考虑，研究区内上帕河及山神庙河中下游流域及两岸坡度在25%以上的用地为城市限制发展区(图8-3)。

(3)河流因子

水生态系统提供4大类服务功能：提供产品、调节功能、文化功能和生命支持功能。城区周围的水体，其调节功能尤为重要，包括：水文调节、河流输送、侵蚀控制、水质净化、空气净化和区域气候调节等[120]。研究区内以怒江为主要河流，因此，将怒江两岸50m划为缓冲区，作为城市发展限制用地(图8-4)。

(4)耕地因子

城市规划控制区的耕地资源比较少，土壤也较贫瘠，是这一区域宝贵的土地资源。主要分布在海拔2000m以下的河谷地带，根据1km×1km方格网统计结果，把耕地面积30%以下的划分为优先发展区，30%~65%的区域划分为适合发展区，将65%以上的区域划分为限制发展区(图8-5)。

(5)有林地因子

从下图中可以看出，林地是城市规划控制区中斑块面积和比例最大的一种景观类型，是涵养水源、吸碳释氧等生态系统服务功能的主要承担者，加之有关森林法律的规定，将林地划分为城市发展的限制性区域(图8-6)。

8.2.3 未来城市扩张的安全格局等级

GIS的叠加分析和统计结果(表8-2、图8-7)表明，优先发展区位于已建成区的南部，面积为4.65km^2，占研究区面积的2.13%，在该区域内发展城市建设用地对区域生态环境的破坏最小；适合发展区位于河流两侧，呈带状分布，面积为7.88km^2，占研究区总面积的3.60%；限制发展区位于河流右侧，海拔在2000~2500m之间，面积为36km^2，占16.47%，次区域耕地集中分布，且是地质灾害潜伏地区，城市建设应谨慎考虑，应以粮食安全和人民生命财产安全为基本出发点；严禁发展区位于研究区的两侧，是面积最大的斑块，面积为168.49km^2，占77.08%，此区域地形复杂、生态极为脆弱，不适合发展城市用地。基于生态安全格局考虑，福贡县城区未来发展的方向应该是南部，这种发展格局将最大程度地保证城市的生态安全。

表8-2 福贡县城区空间扩张的生态安全格局

安全等级区	面积(hm^2)	比例(%)
优先发展区	4.65	2.13
适合发展区	7.88	3.60
限制发展区	36.00	16.47
严禁发展区	16849.30	77.08

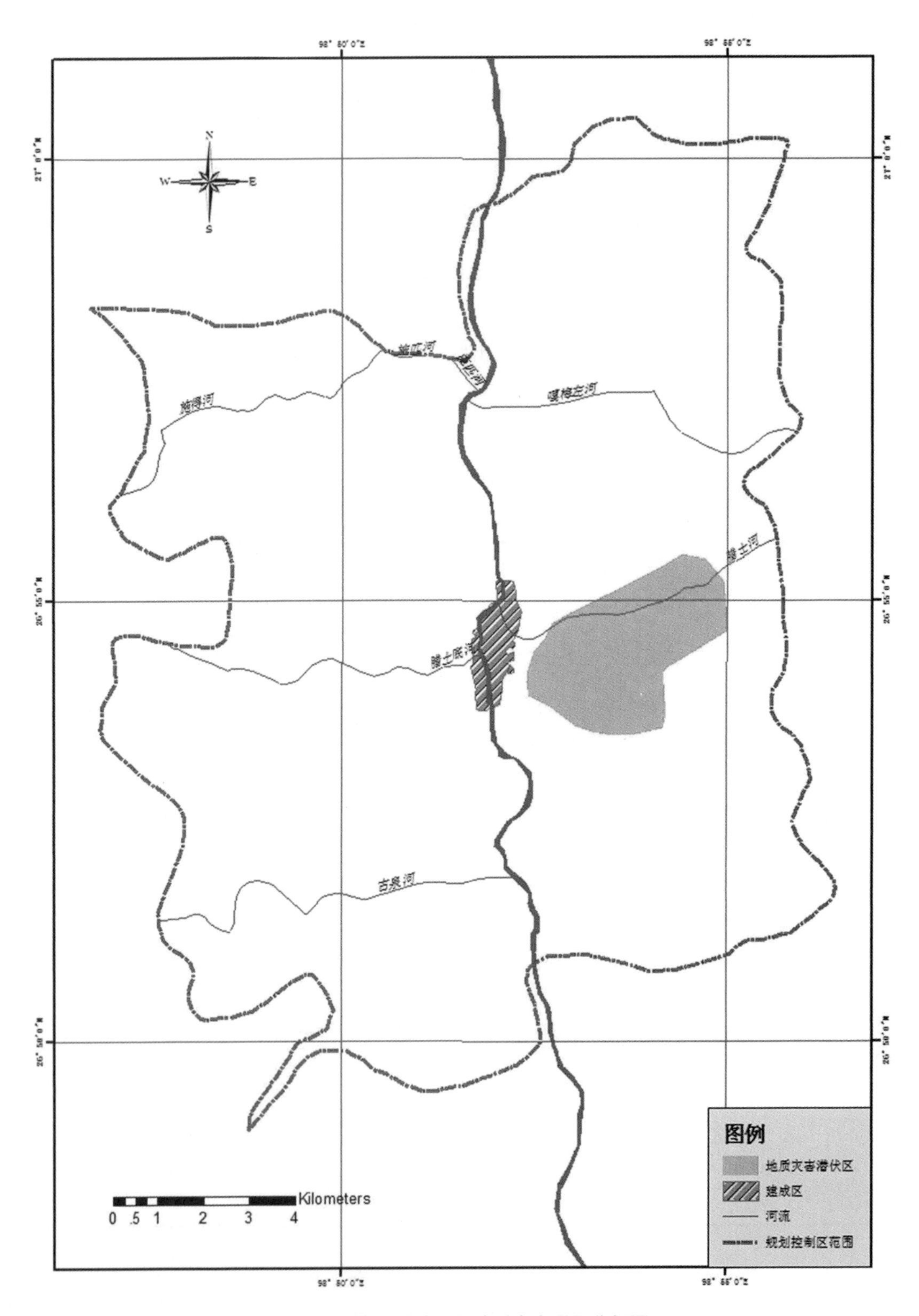

图 8-3　城市规划控制区地质灾害因子分析图

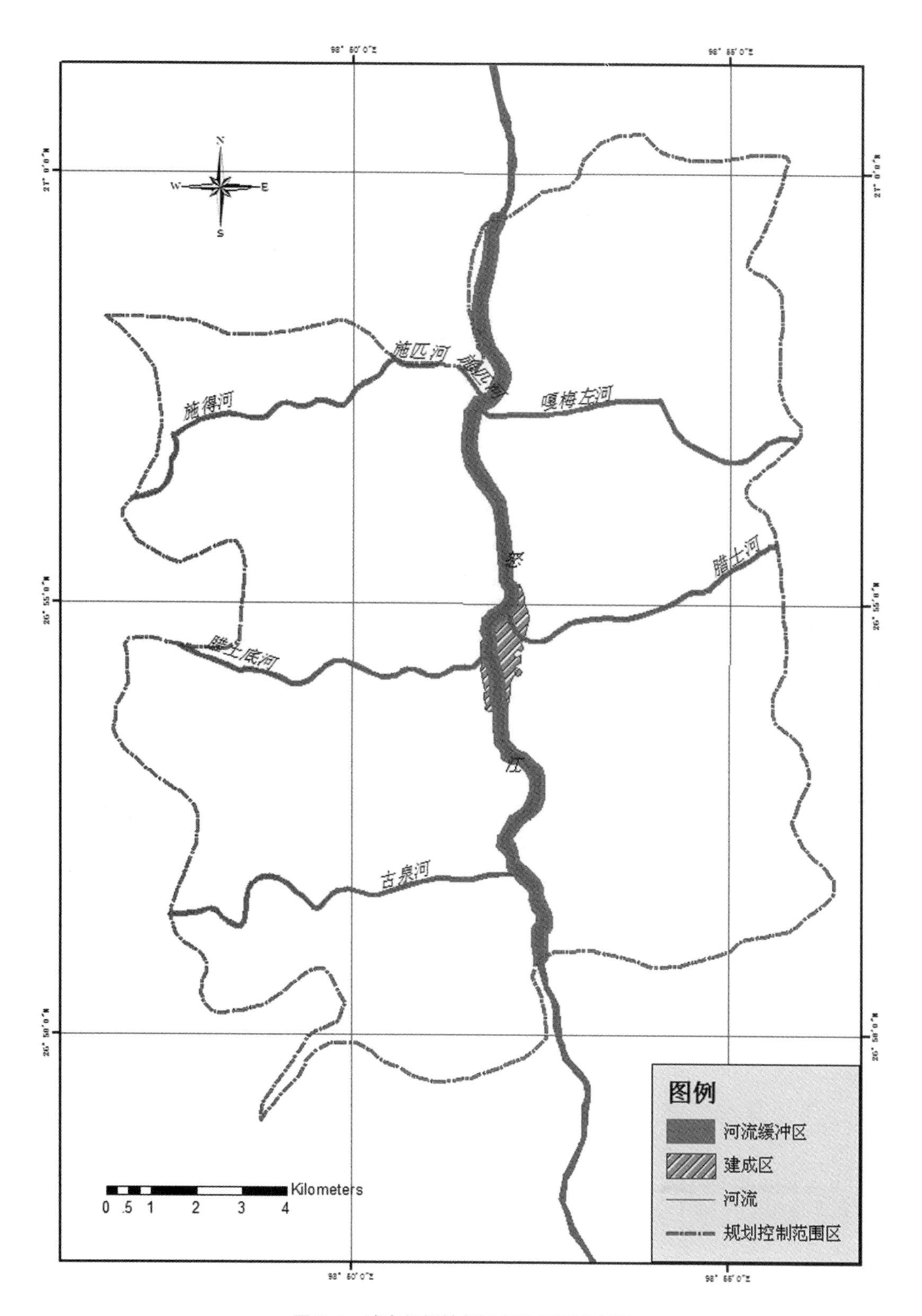

图 8-4　城市规划控制区河流因子分析图

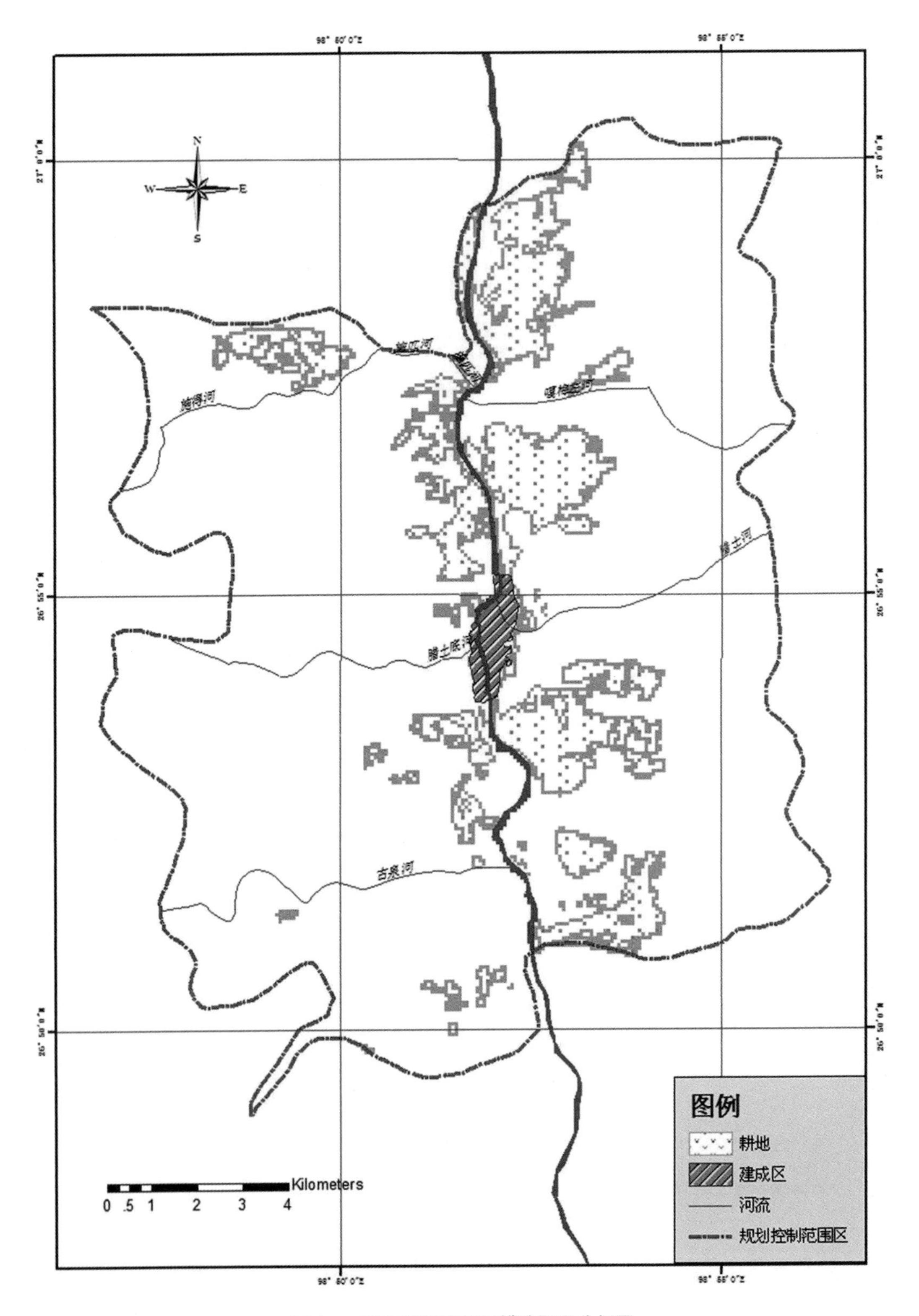

图 8-5 城市规划控制区耕地因子分析图

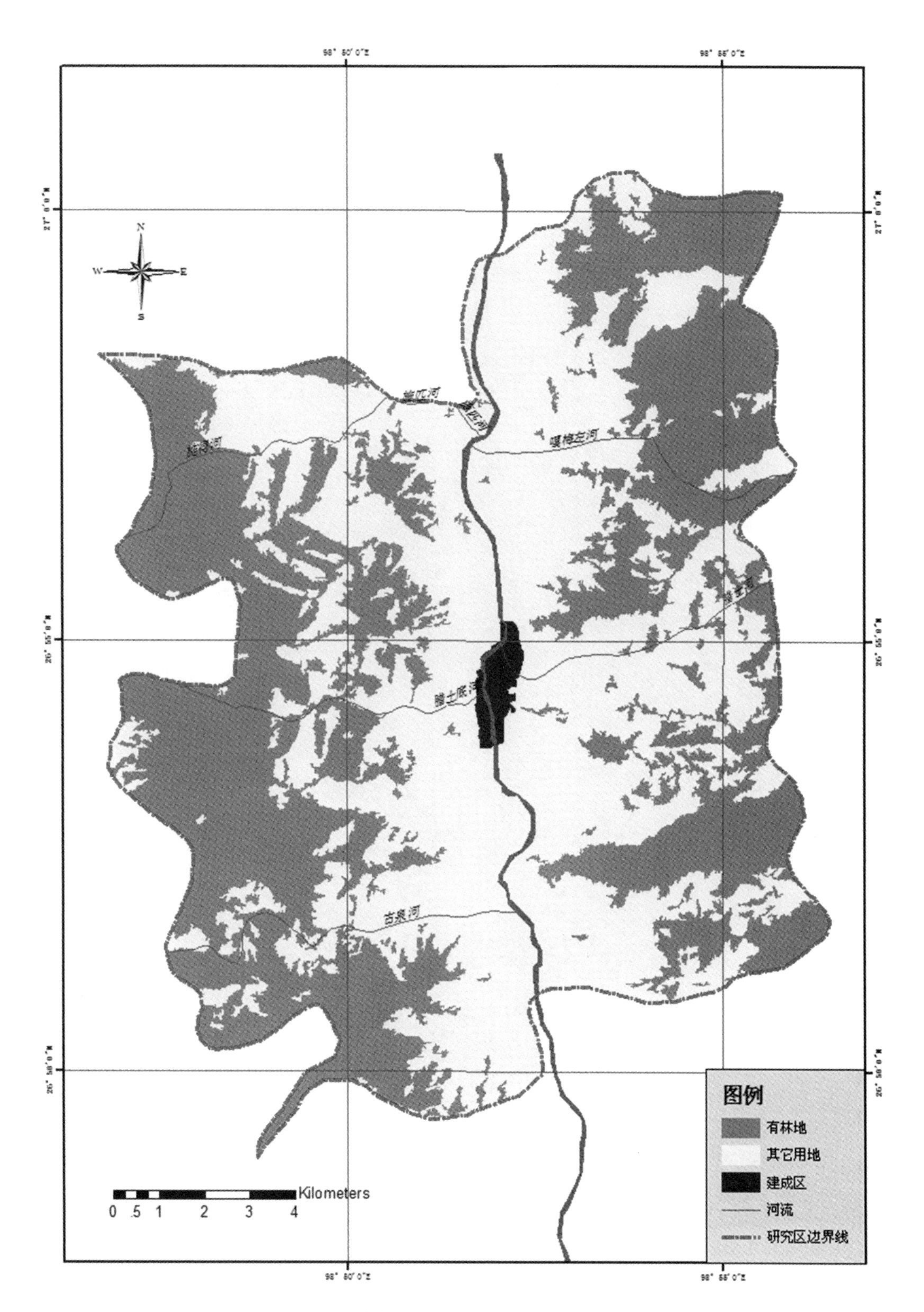

图 8-6　城市规划控制区有林地因子分析图

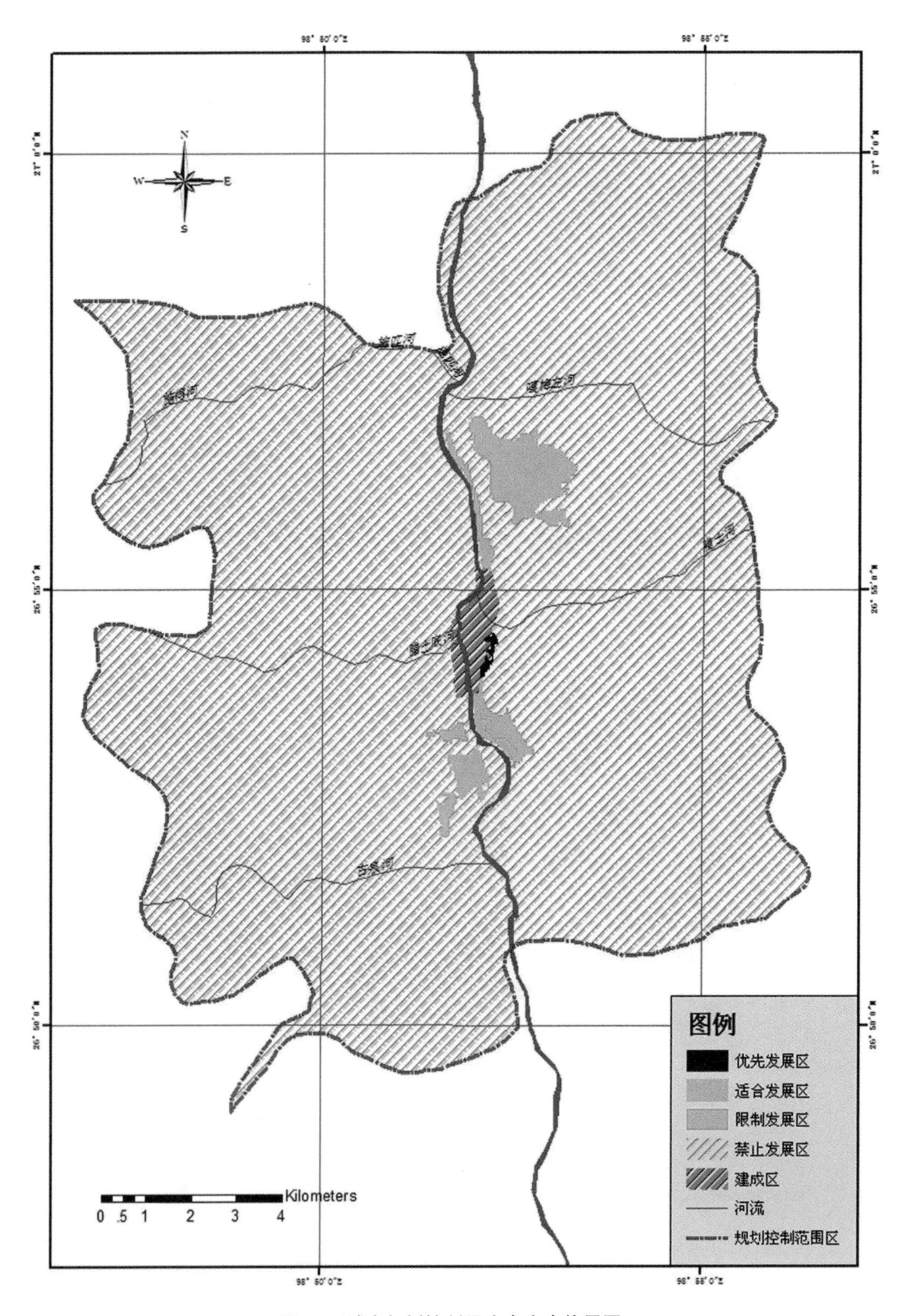

图 8-7 城市规划控制区生态安全格局图

8.3 城区景观生态安全战略布局

8.3.1 主要致灾因素分析

研究区作为典型的高山峡谷区域，由于其环境类型为高山、峡谷的垂直、纵、横向空间分异的地理环境特征，大多拥有丰富多样的野生动植物资源、气候资源和生物物种，也多具有山高坡陡，土壤侵蚀面广、侵蚀量大，支流和干流落差大，搬运能力强；气候条件恶劣，植被恢复难度大等突出特点。

妨害城市可持续发展的致灾要素非常多，1997 年建设部在“建筑技术政策”中集中将地震、火灾、风灾、洪水、地质破坏五大灾难列为城市灾害的主要典型。灾害作为小概率、大影响事件，其致灾规律是极其复杂的。而滑坡、泥石流作为其中较为严重的地质灾害，伴随着崩塌、滑坡，对人民的生命财产及城镇、特别是高山峡谷地区城镇的安全构成了极大的威胁。

从“中国泥石流分布略图”来看，我国中西部地区的绝大部分城市、乡镇，特别是云南省均为泥石流频发地区。泥石流的暴发通常有 3 个物质条件因素：首先要有大量的松散物，影响松散物供给的因素有地层、岩性、滑坡、崩塌、松散沉积物、地震、人类活动等因素。

造成泥石流的因素是极为复杂的，其影响因子如果按来源划分，可分为两大类：一类是地质、地貌、气候、土壤水分状况等自然因素形成的脆弱背景；另一类是由人类不合理的行为方式和人类工程活动，如毁林开荒、乱砍滥伐、落后的耕作措施，不合理的产业结构、采空沉陷、岩溶塌陷、地面沉降、地裂缝、滑坡等，是泥石流诱发的人为因素。

其次是地形条件：泥石流沟从形态上可以分为形成区、流通区和堆积区，各区有其地形特征。泥石流启动最小坡度为 12°，小于 4°时开始堆积，泥石流的形成必须具备陡峻的山坡坡度和沟道。

第三是激发因素：在地形条件和松散物质都具备的情况下，泥石流的激发需要一定的水源。因此，降水、溃坝、融雪等因素都会激发泥石流，如在怒江流域中段河流或溪流两侧陡峭而高大的山体极易崩塌。另外，过多和集中的降水，又是滑坡与泥石流强烈活动的前提。

沿怒江峡谷的深大断裂构造的破碎带及影响带可达几百米甚至数公里，沿断裂带软弱构造面发育，岩石破碎，形成糜棱岩、破裂岩和角砾岩等动力变质岩，为形成滑坡、泥石流创造了有利条件，也伴随了如崩塌、滑坡和泥石流等多重地质灾害。整个研究区主要受滑坡泥石流危害和威胁的乡镇有鹿马登乡、上帕镇、匹河乡、马吉乡等多个乡镇，其余各乡、镇政府驻地亦受到滑坡泥石流的危害和威胁。

8.3.2 研究方法及理论基础

长期以来，人们比较重视工程减灾，对生态减灾的重要性关注甚少。工程减灾是显性减灾，是看得见摸得着的；生态减灾是隐性减灾，不容易看见更摸不着。只有工程减灾，缺乏生态减灾，工程减灾能力将会逐年减弱。大灾之际，隐性灾害就会变成显性灾害。用综合研究的观点来看，生态是减灾能力的底线。

生态减灾关注的是通过协同人类系统与生物系统间的生物控制共生与自我调节能力，来保持人类生存环境的稳定性。即通过在空间上科学、合理地布局景观镶嵌体来达到减灾的目的，通常采用的是斑块(Patch)—廊道(Corridor)—基质(Matrix)模式。这里的“景观”可以理解为：是一个由不同土地单元镶嵌组成，具有明显视觉特征的地理实体；处于生态系统之上，大地理区域之下的中间尺度；兼具经济、生态和文化的多重价值[121]。在研究中应特别重视地貌过程和人为因素干扰对景观空间格局的形成和发展所起的作用，在适度的干扰下，其异质性会增大，将有利于系统向理想状态发展，但过度的异质性则会破坏一个原本稳定的景观生态系统。生态减灾的目的即通过合理的景观格局，将景观演替导向良好的方向，以达到城市生态系统的能流、物流、生态流的相对平衡。因为景观要素或景观总体在城市区域所处的地理位置对景观结构、功能及其动态变化特征都有重大影响，决定着景观生物生产潜力和景观承载力的基本格局，也决定着城市防灾减灾能力的大小。

事实也证明，人类活动若采取了将自然景观改造为有利于人类生存的格局，将有利于自然景观的平衡。如具有“泥石流博物馆”之称的昆明东川区近年来采取了恢复或培育草被，营造水土保持林，水源涵养林和固堤护岸林等生物措施，达到了削弱和消除固体物质来量，使水土流失得到控制等较好效果。随着绿化植被的增加，东川城区后山泥石流暴发的频率也逐年降低。因此，泥石流多发地区的景观生态安全格局构建是极为有效的生态手段，可以通过最少的生态工程投入，达到城市空间布局的优化并提高城区的安全度[122]。

景观安全格局是景观生态规划中优先原则的体现，应当在区域生境综合适宜性分析的基础上，尊重生态规律，明确区域生态系统中需要重点保护和涵养的区域、关键性物种分布区域及其在斑块间扩散的绿色廊道，以及为增加景观的多样性需要保存的区域。

8.3.3 实证研究

研究区所处的怒江流域是我国典型的滑坡、泥石流发育带，本区地处高山峡谷地貌区，山地比重大，地形陡峭，坡陡谷深，坡地重力灾害性景观广泛发育。坡地上的岩体受断裂、褶皱的影响，多倒转褶曲，岩层倾角多在50°以上，加之节理、裂隙发育，岩层破碎、山崩、滑坡经常发生，怒江流域发育有大大小小的崩塌倒石堆，飞来石、江心松等都属典型的崩塌所致，滑坡体也很普遍。高山峡谷系统的复杂性和典型性极易造成水土流失，而过多和集中的降水，又是滑坡与泥石流强烈活动的前提。在河沟源头山坡上部，均分布有较多的重力堆积物和一定数量的古冰碛物，这些松散物质在水动力条件下易形成泥石流。区内各条河沟口均有大小不等的多期泥石流扇分布，成为重要的灾害景观。原怒江州首府碧江县城就位于研究区范围内，20 世纪 70 年代即由于滑坡、泥石流的影响造成了州府的整体搬迁，除了政治、经济等多方面的因素影响之外，影响城市发展最重要的因素则是地质、地貌特别是地质灾害的影响。

福贡县城区位于滇西北横断山脉北部的怒江峡谷，坐落在后山泥石流复合堆积扇上，地处区域性断裂(怒江断裂)所形成的规模巨大的糜棱岩带上，断裂现象几乎随处可见。按板块说，它在印度板块与欧亚板块镶嵌交接带附近。受怒江大断裂地质构造影响造成的滑坡、泥石流是危害较大的灾害源，在河沟源头山坡上部，均分布有较多的重力堆积物和一定数量的古冰碛物，这些松散物质在水动力条件下易形成泥石流。区内各条河沟口均有大小不等的多期泥石流扇分布，成为重要的灾害隐患。城区建设之初对滑坡、泥石流等地质灾害将对城市未来发展产生的影响估计不足，其规划布局主要为沿怒江流域平行展开的城区，其路网多为平行于江岸的条带状路网。忽略了城市这样一个景观区域内，各种景观元素类型、组合及属性在空间或时间上的变异程度。

城市作为一种典型的人工景观或称人类文明景观，是一种自然界原先不存在的景观，而自然景观在强烈的人类活动干扰下，逐渐适应了干扰过程，由此形成了景观演替。在一定意义上，人们所看到的景观现象或景观格局就是某一时刻景观演替过程的瞬间平衡[123]。平衡的取得必须基于对景观变化与生态环境之间相互关系的充足认识，但城市规划、设计与建设之初往往具有较大的主观性和较强的目的性，常常无法预测到景观资源开发的潜在影响和过程的演变，对于一个城市的建设发展和空间格局将产生深远的影响。以福贡县为例，就在2005年对总体规划进行了调整。希冀在规划之初就对城区潜在的地质灾害进行研究，否则随着城市的进一步发展，将出现以城市为中心的人为活动向周围山地的迅猛扩大，导致山地环境恶化、生态失衡，顺坡而下的地表径流极易造成地面沟蚀，引起水土流失，土壤性质恶化。其结果不仅加剧了原有滑坡泥石流的活动，而且促使新滑坡泥石流的发生。从“福贡城区灾害危险区分布图”(图8-8)中我们可以看出现有城市建成区大部分位于泥石流危险区中，其中34.32%位于高危险区；36.45%位于中危险区；而仅仅只有14.12%位于较为安全的区域。这对于城市综合防灾能力的提高是极为不利的，需从景观安全格局的角度出发，开展景观生态工程的建设，通过景观单元空间结构的调整和重新构建改善受威胁或受损生态系统的功能，提高其基本生产力和稳定性，将人类活动对于景观演化的影响导入良性循环[119]。

在研究中采用了系统应用分析的方法，通过掌握泥石流暴发区域的地形、地质、坡度、土地利用、社会经济、泥石流观测资料、坡度坡向分析、3D分析、图形计算、缓冲区分析、遥感特征分类、滑坡泥石流空间分布、灾害敏感性分析等，得到泥石流暴发的基础背景数据及灾害分析结果。通过遥感和地理信息系统的应用，详见“福贡县城区现状土地利用图”(图8-9)，可以看出作为景观变化的重要驱动力，人类活动已通过对自然景观的改造构建成了人工景观，而反之，自然景观也通过自身的变化过程如泥石流等地质因素对人工景观产生了影响，如现有的城市形态已和30年前的城市形态产生了极大的差异。这说明景观的空间格局是由决定其变化的相关因素所控制和影响的，而通过对格局的调整来影响和改变过程，将可以形成具有良好构型的景观，并反过来影响自然景观的过程，提高城市的安全能力。

针对泥石流暴发的主要原因，现有景观格局应该随之作相应调整并使之与自然生态过程相适应，以达到景观生态建设的目的。正如现在人们所理解的景观一样，由于城市与乡村、人文与自然之间的概念日渐模糊，如何协调土地、水以及空气等资源利用上的矛盾日益突出。景观生态规划的目的是协调景观内部结构和生态过程及其与自然的关系，正确处理生产与生态、资源开发与保护、经济发展与环境质量的关系，进而改善景观生态系统的功能，提高生态系统的生产力、稳定性和抗干扰能力[119]，即景观规划可以通过空间及功能的布局来达到调整自身功能和与自然协调的目的，是一个动态的过程。

基于上述景观生态安全格局的理论及方法，依据以上对城市安全格局的等级分区，加上对泥石流等主要干扰因素的分析，确定福贡县城市景观生态安全格局战略布局。在具体布局过程中，要考虑以下几个景观生态学特性：大的植被自然斑块、小的植被自然斑块、

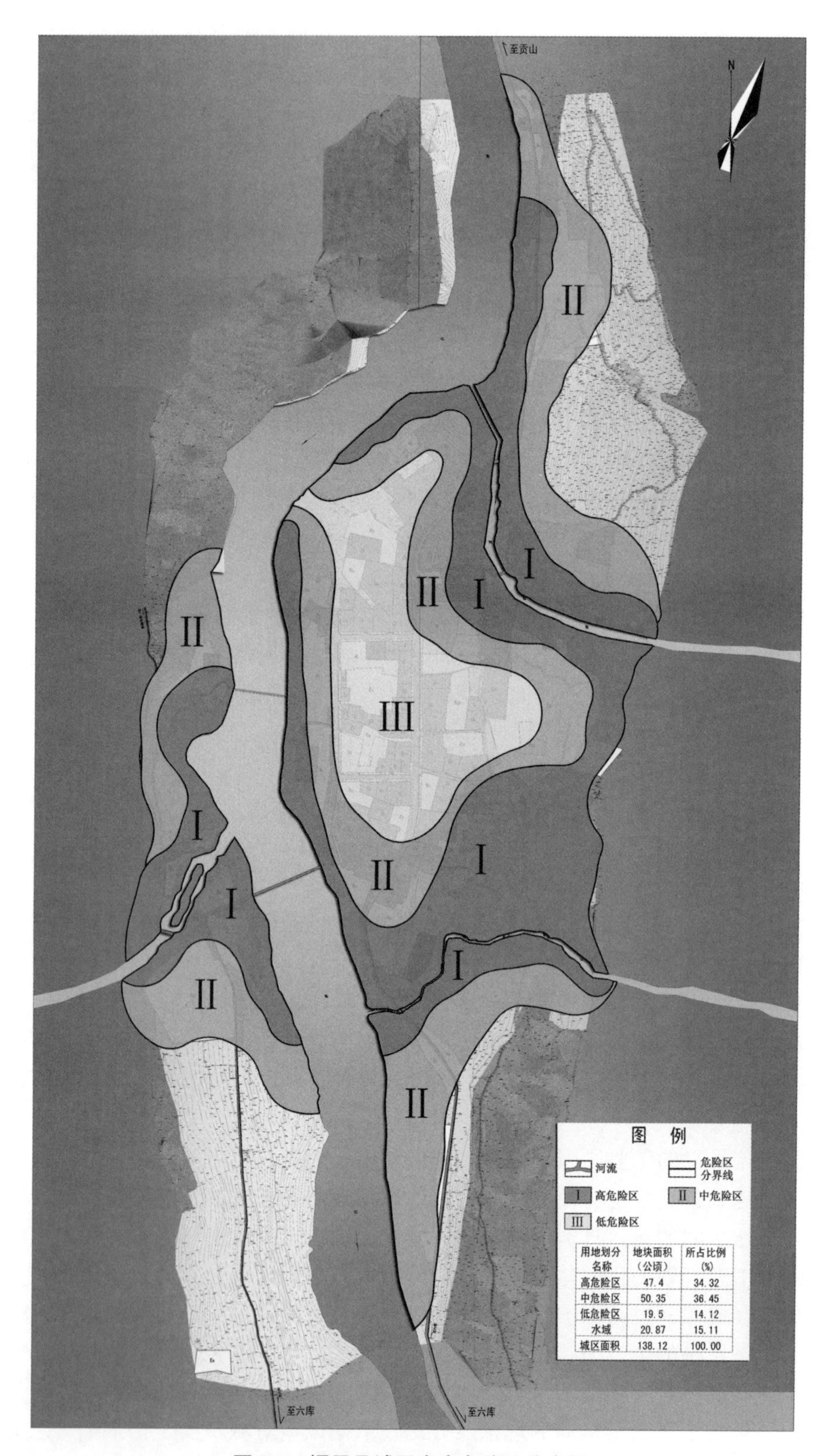

用地划分名称	地块面积（公顷）	所占比例(%)
高危险区	47.4	34.32
中危险区	50.35	36.45
低危险区	19.5	14.12
水域	20.87	15.11
城区面积	138.12	100.00

图 8-8　福贡县城区灾害危险区分布图

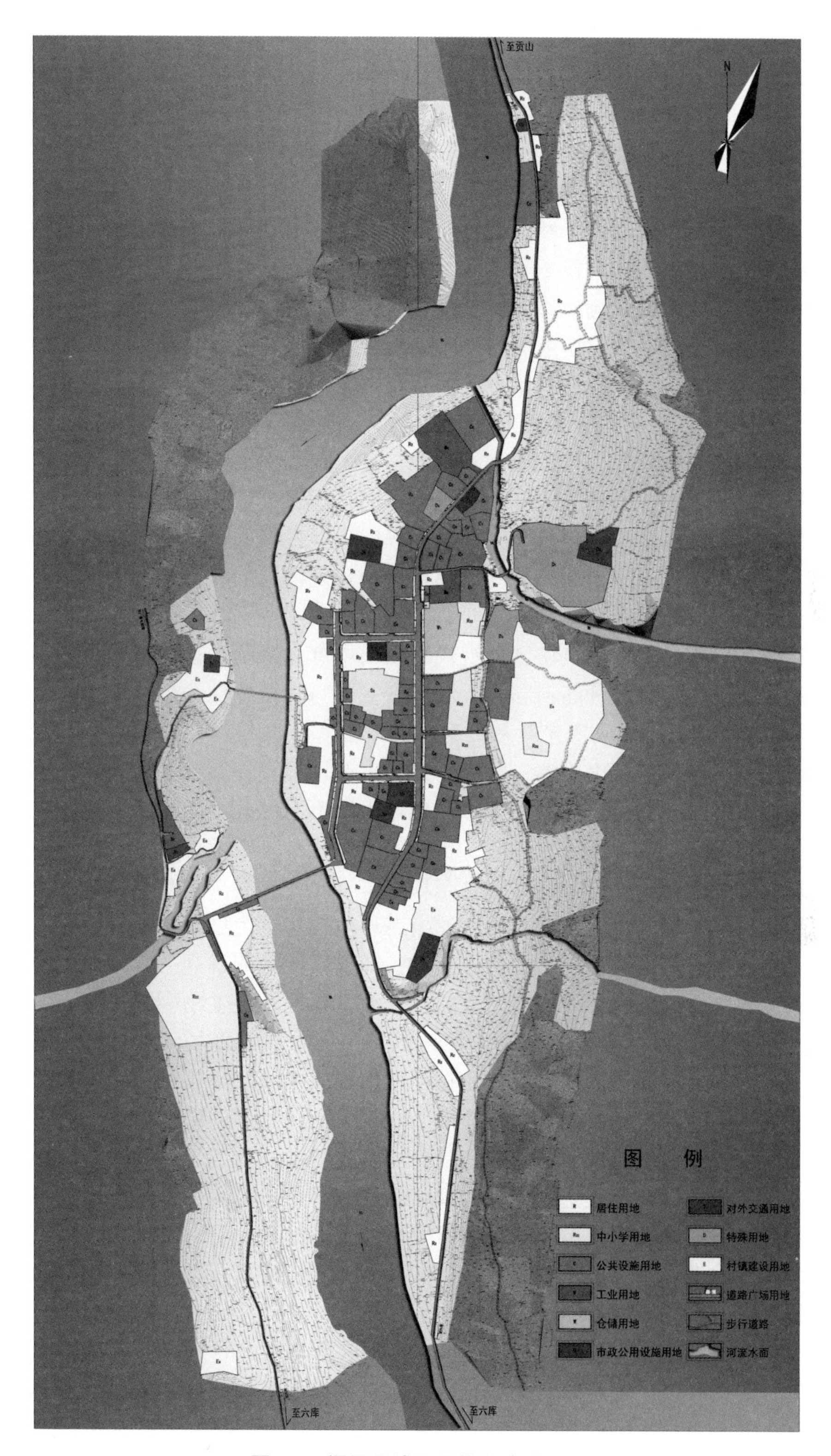

图 8-9 福贡县城区现状土地利用图

廊道、风险的扩散性、基因变异性、交错带等。

在福贡县城区的景观格局规划研究中，通过以下几个战略布局的调整，达到改善现有城市景观格局的目的，从而提高城市防灾、抗灾的能力，最终达到安全城市的目标(图8-10)。

(1)战略布局一：恢复和维持城市原有山水形态和格局

大部分受泥石流灾害影响的城市多位于泥石流频发区，地质结构由于构造运动等影响，本身就不够稳定，同时由于断裂的垂向活动差异形成壮观的山地隆起和盆地沉陷，发育了大量的洪积扇、洪积裙和洪积台阶[62]，受泥石流灾害影响的城市在选址之初往往未充分意识到灾害对城市的影响，通常将城市建在洪积扇或洪积台阶上。如福贡城区就坐落在一块由上帕河泥石流冲击面形成的河滩小平地上。城区背靠峰峦叠嶂的碧罗雪山，发源于碧罗雪山的上帕河、山神庙河、腊土底河等支流穿越福贡城区，呈枝状汇入怒江(图8-10)，成为威胁城区安全的潜在地质灾害。其中，人类建设活动对泥石流的诱发因素是显而易见的，城市的建设用地占用了河沟的用地，在一定程度上阻碍了山洪流动的通道，破坏了山水格局的连续性，切断了包括风、水、物种、营养等的流动，即切断了自然的过程，城市作为景观的一个组成部分却失去了其赖以生存发展的良好物质基础，历史上许多文明的衰落和消失也被归因于此。因此，维护大地景观格局的完整性和连续性，维护自然过程的连续性成为区域及城市景观格局规划的首要任务之一[124]，也是泥石流多发城镇安全格局的首要战略布局。在福贡城区景观规划格局中首先恢复了被城市建设用地阻隔甚至掩盖的河沟，使上帕河、山神庙河和腊土底河恢复成为直抵怒江的自然河沟。

(2)战略布局二：保护城市背山大面积山体生态绿化

泥石流多发城市大多背山而建，背山的整体生态环境直接影响了泥石流暴发的频率及对城市安全性的影响。背山的大面积生态绿化作为城市不可分割的生态构成部分，首先应遵循生态关系协调的原则，即人与环境、自然生态系统与人工生态系统之间的协调，应将城市的可持续发展和安全建立在良好的生态环境基础之上。其次是自然优先的原则，规划应遵循自然固有的发展规律，依据其原有的生态环境构建更为稳固的生态系统。最后是多样性的原则，这一点突出了生态景观的异质性，即异质性高的景观，其相应的生态稳定性高。反映在生态绿化中，即多种植被组成的林、灌、草复合型生物群落比单一纯林或单一植被更具有良好的生态功能[125]。从福贡城区的卫星影像图和现场踏勘资料来看，其背靠的碧罗雪山相对海拔较高，最高点的嘎拉柏山峰海拔4379m。由于构造运动，形成典型的山高坡陡谷深的高山峡谷地貌景观。海拔2400m以上的区域纵坡在35°以上的坡地达85%，汇水面积大，地形陡峻，雨量充沛，为泥石流的暴发准备了充分的激发因素和良好的水动力条件。这一区域应该主要保护山地常绿阔叶林带、温暖性针阔叶混交林带、寒温型常绿冷杉林、箭竹林带和高山灌丛草甸带等自然生态植被，可有效地减少水流量，以削弱泥石流暴发的水动力条件。海拔1200~2400m为泥石流形成及活动区，主要为松散的第四纪沉积物(碎石、砾石、沙黏土和其他混合物等)，长期以来，本区农业生产方式落后；刀耕壁种，加之多年来泥石流滑坡，原始森林资源逐年减少，许多地方沦为次生林或荒山秃岭，景观日趋破碎化。该区的生态绿化应以自然界类型多样的植物群落为模本，恢复自然植被群落，推行“退耕还林”和“退耕还草”。作为一个稳定的生态系统单元，其中的每一种植物群落都有一定的表现面积，即能表现群落的种类组成、水平结构、垂直结构以及影响群落学过程的所有环境因素的最小面积[125]，是群落发育和保持稳定状态的基本要求。

图 8-10 福贡县城区景观生态安全格局规划图

单个、单行或零星分布的植物及小面积的群丛片断与有机的群落分布相比，显然后者的观赏价值和环境效果均应比前者要高，能够有效地维持生态环境的稳定与平衡，涵养水源，减缓径流冲刷，防止地表水土流失，使山体得到稳定。具体植被恢复过程中应考虑到群落的稳定性，根据当地植被群落的演替规律，乔、灌、草结合，常绿、落叶结合，深根、浅根系结合，利用植被发达的根系固结土壤，保护坡石，稳固松散的固体物质，从根本上杜绝产生泥石流的水动力和固体物质两个基本要素，使泥石流从根本上得到控制。

(3) 战略布局三：泥石流高危险区的景观要素置换

泥石流对于城区的危害主要在于穿越城区时冲进城区街道，冲毁、淤埋街区、建筑。究其原因是泥石流高危险区的建筑密度过大，甚至挤占了自然沟谷的用地。因此生态格局规划的重要战略之一是将高危险区的城市景观要素，如居住区、商业服务区、交通、通讯和服务设施等各类建成区，置换为林地景观或草地景观，如阔叶林、针叶林、混交林、灌木景观、混合草地等。即把景观作为一个整体来考虑，包括了自然景观和人工景观，是一系列生态系统组成的具有一定结构与功能的整体，不必苛求及限定于局部的优化，有时是牺牲局部利益，以达到整体最佳状态，构筑整个城市的景观安全格局。

通过高危险区的景观要素置换，使高危险区降低其危险程度，逐渐置换为中危险区乃至低危险区，而使中危险区和低危险区也逐渐置换为低危险区和安全区，以保障整个城市的安全，使城市的安全系数值达到最大。

(4) 战略布局四：泥石流景观生态廊道的建设

泥石流对高山峡谷类型城市的危害主要有穿越式、挟持式、抚背式和复合式等几种形式，是以泥石流沟穿城而过的形式来划分的。无论哪一种形式，均对城市产生了极大的危害，因此，泥石流多发城市的安全也有赖于泥石流景观廊道的建设。

在景观生态学中将泥石流暴发的过程视为是一种地貌过程和生态过程，则通过景观要素在空间上的排列和组合可以有规律地影响泥石流的运动和分布，因此，泥石流景观廊道的建设是景观生态安全格局的重要组成部分。

泥石流景观廊道的建设将采用生物措施与工程措施相结合的综合措施。工程措施通常用于泥石流主要排导方向和通道，应当根据具体的地质情况和水土流失的情况来确定，可在泥石流的形成区修建谷坊群和截流沟，在流通区的主支沟内修建拦淤工程和固床坝，在堆积区修建排洪道。

生物措施则通常用于工程措施区的周边和外围，如在排洪道的外侧采用退台式绿化，后退出足够宽度以保证泥石流顺畅通过而避免其泛滥成灾，同时构建出城市连绵的生态景观廊道，成为贯通山水基质的生态廊道或拉长的生态斑块，构成连续的整体。而在日常生活中，则成为集生态和观赏活动于一体的景观体系，形成可持续发展的生态系统。

(5) 战略布局五：建立以乡土植被为基础的生境系统

自然界中类型多样的植物群落维持了地球上生态系统的稳定与平衡，从南至北，植被呈水平地带性分布的特征，而在高山峡谷地带，除了水平地带的影响外，植被更多地呈垂直地带性分布的特征。因此，各地的植被群落的组成是不尽相同的，具有其特有的演替规律，在长期的自然过程中，具备一定的稳定性。

因此，良好而稳定的生境系统的构建有赖于对自然作用的充分了解和全面的生态资料解析过程，其中，乡土植被生态系统的构建起到了重要作用。其植物群落在空间结构上倾向于复层结构，以增强群落的稳定性和环境效应。在适应性上，也较外来树种有更大优势，更加适应当地的气候与植物区系特征。同时，乡土植被的选择还在于其物种的多样性，是植物群落多样性的基础，也是生物多样性的一个重要内容，有利于增强生境系统的抗干扰能力和稳定性，增加其环境效益。高山峡谷区城镇稳定的生境系统的建立是以乡土植被为基础的，从整体自然山水格局的恢复到背山绿化面的形成直到泥石流景观廊道的建设，都应当参考研究区的气候与植物区系特征，尽量构建接近自然植物群落类型的绿化植物群落类型，使城市的环境接近自然。

(6)战略布局六：构建有别于车行交通的绿色步行系统网络

高山峡谷区城镇除了上述防护性战略布局外，还应有自身完善的避难疏散系统。以往的避难疏散系统的构建有赖于车行道，其所发挥的作用是毋庸置疑的，但仅靠车行道，其所担负的疏散功能以物流为主、人流为辅，大部分人口密集区的疏散仍有赖于步行系统，因此，绿色步行系统网络的构建显得尤为重要。这一绿色步行网络不是附属于现有车行道路的便道，而是完全脱离步行的安全、安静的便捷通道，将与城市的公共绿地、广场、开放空间、单位附属绿地、学校、社区的开放绿地以及步行商业街等密切结合，构成贯穿全城的步行系统网络，不但可为步行及非机动车使用者提供一个健康、安全、舒适的步行和自行车通道，也可以大大减缓车行系统的压力[124]，还可以将城市面及点的防灾布局贯穿成为点、线、面结合的有序的、和谐的综合防治体系，同时作为城市的绿色框架，具有最大的接触覆盖面，是城市防灾体系能够形成生态系统的关键要素之一。

在福贡城区的景观生态安全格局规划中，现状城区充分利用了各单位、社区的内部道路、内部绿地和开放空间，同时将现有和规划的城市绿地、广场、步行街区等以专门新开辟的绿色通道相连接，充分挖掘和利用了现有的绿色空间，增加了实施的可能性。而在即将开发建设的新区，则预留出了各单位之间、居住区与办公区之间、居住区与城市文化和休闲场所及城郊自然地之间绿色步行通道。

(7)战略布局七：构建完善的城市开放空间系统

根据台湾“921 地震”10 个灾区的有关资料显示，居民对于避难据点的选择可以归为几个特性：①靠近自家居所，可以就近待援以及处理财物等事宜；②地势空旷，有安全感；③环境熟悉，有归属感，居民间互相认识可以相互照应；④有人管理，相关设施尚可，治安良好[122]。因此，泥石流多发城市避难场所的选择并不像通常人们所认为的那样，集中在城市几个固定的地点，而是应当均匀地分布在城市各个居住区，并与人们的居家生活密切相关。从这一点出发，建立连续的公共绿地和开放系统，将城市公园、田园、开放空间及步行系统连为一体，从而增强可达性，成为城市避难系统最基础也是最有效的保障。

从福贡县城区的土地利用现状图可以分析出，许多自然的景观元素如林地、山地和农田等都被沿这些景观元素分布的机关单位或其他土地占有者团团围住，使有限的开放空间得不到充分利用。在景观格局规划中即打破了原有的单位领地意识，开放公共空间，除部分作为城市的公共绿地、防灾绿地和广场外，大部分作为市民可共享的空间，保障了非机动车绿色通道的连续性和完整性(图 8-11)，是城市生态系统的绿色基质和根本保障。

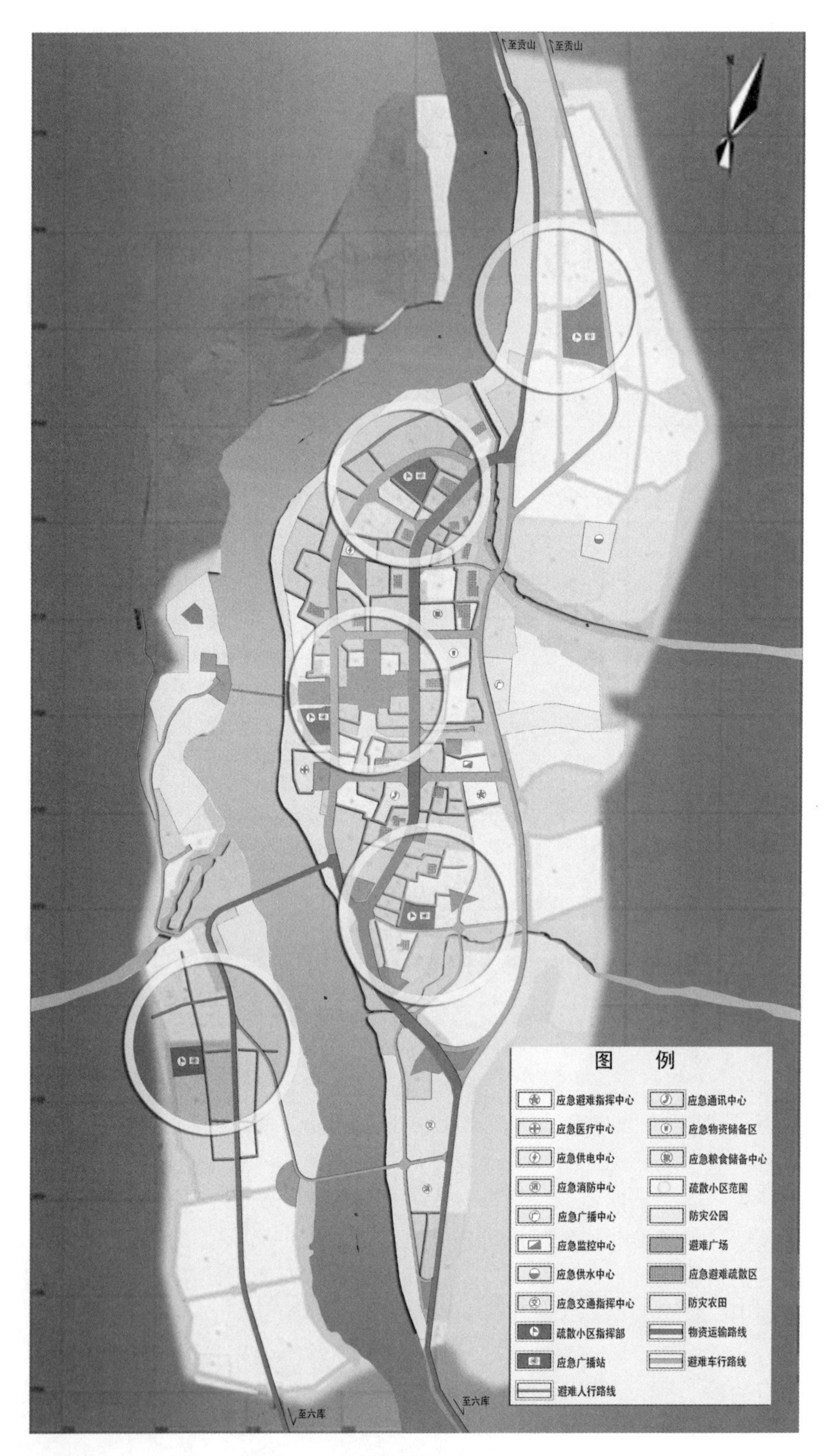

图 8-11 福贡县城区综合防灾规划图

8.4 景观生态安全格局规划

8.4.1 规划原则

基于以上研究，在具体的城市总体空间布局规划设计中应该应遵循以下几点原则，使城镇向健康、有序、合理的方向发展：

(1)系统生态平衡的原则

以城市生态巨系统的平衡作为规划的目标，使物质循环、能量流动达到动态平衡。从系统论的观点来看，城市生态系统是一个以人工生态系统为主的复杂系统，其物质循环、能量流动经常处于不平衡状态，对城市周边环境产生了较大的压力，因此要从系统平衡的观点从根本上解决城市生态系统运行中不平衡的问题，合理进行用地规划和产业结构调整。

(2)有机分散与紧凑集中布局相结合原则

在进行城镇总体空间布局的过程中，通过对该区的景观生态安全格局及未来发展方向的研究可以看出，不应过分强调连片集中布局的方式，而应顺应自然地形条件，采取有机分散与紧凑集中相结合的布局方式，符合福曼(R. T. T. Forman)等人提出“集中与分散相结合”的理想模型。

8.4.2 城区总体空间布局规划

作为典型的高山峡谷型城市，福贡县城区受地形坡度的影响，其建设用地无法满足城市发展的需求。其次，这些地貌形态对城镇空间的扩展形成了约束，控制着城镇的发展方向。由于受到高山和河流的夹击，高山峡谷类型城镇的空间布局形态多为夹层型，其沿高山、河流一侧呈平行带状布局的形态特征较明显。

依据上述景观安全战略布局及空间分析，根据福贡县城区的现状实际，将福贡县城区部分规划为两个方案，根据建成区用地的连续程度，按照城镇空间分布的形态又可称为连续带状式和带状组团式两种：

(1)方案一：连续带状式(在原云南省规划设计院所作方案上局部调整后的方案)

该类型的分布形态多见于冲积扇面积较大且连续，建成区中间无河流或山体分割的城镇。该规划方案主要依托老城，向东边山势较平缓，用地条件较好的方向延伸发展，作为城市发展的主要方向，并向老城南北及怒江西岸略有发展，为城市的次要发展方向，基本为集中连片的带状布局(图8-12)。

(2)方案二：带状组团式

建成区由于受到山体或河流、大型冲沟的分割，呈组团式布局。本方案为避免盲目地追求连片的城镇结构形态，按照上述城市安全格局发展方向和景观生态安全战略格局所做的调整方案。规划将部分功能用地安置在城区西南用地条件相对较好，且离城区距离不远的地方，形成组团式的空间布局形态，且各组团之间用大片的绿化用地进行分隔(图8-13)。规划各功能区保持相应地理区域内的生态功能完整性，将其与人工绿化环境进行衔接与互补，通过一定的结构把自然空间联结为整体，成为完整的功能区。

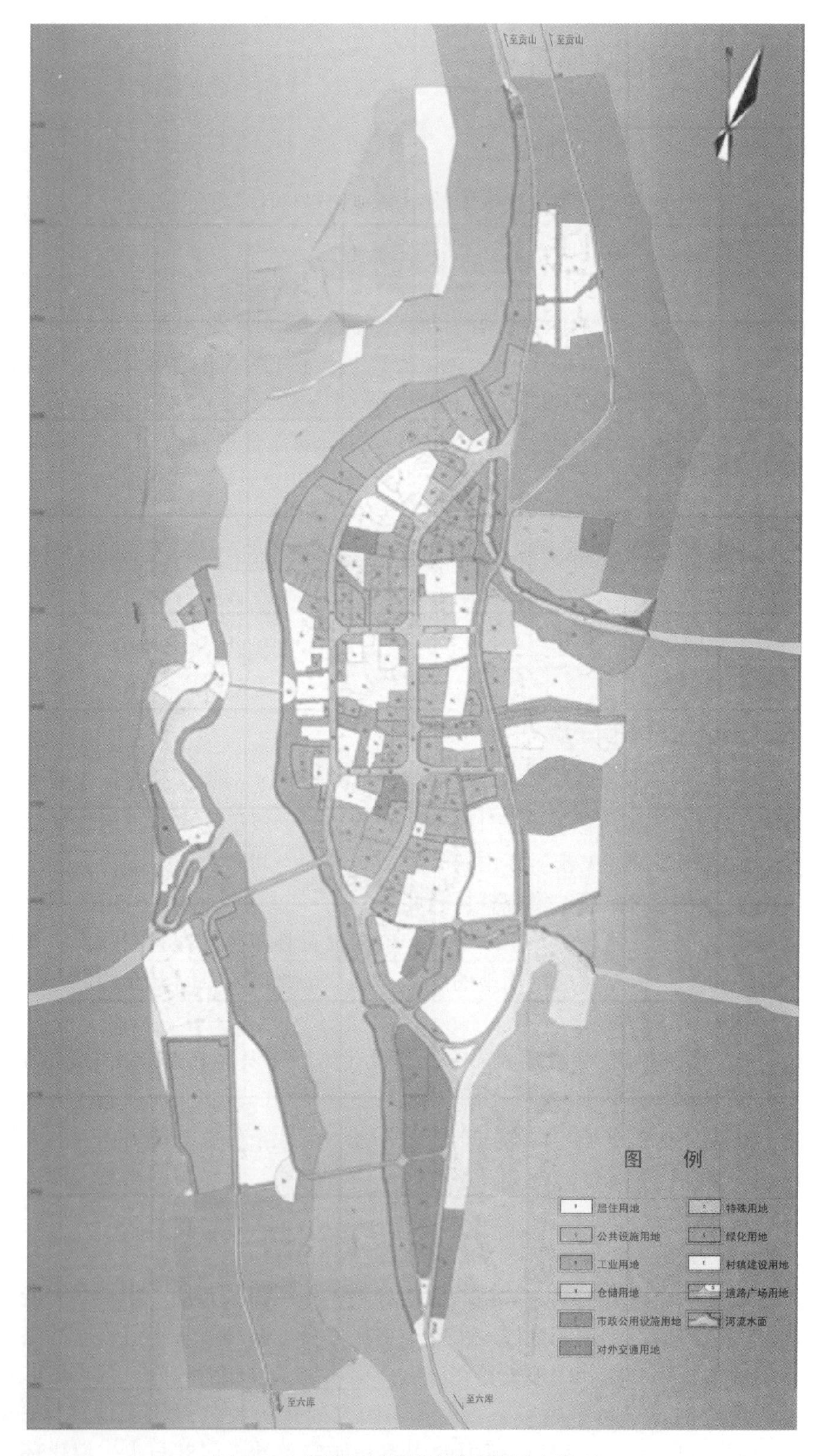

图 8-12 福贡县城区总体规划图(方案 1)

图 8-13 福贡县城区总体规划图(方案 2)

8.4.3 规划方案比较

(1)研究方法

以上两个方案均是在景观安全格局战略的指导之下完成的，各具特色。究竟哪一个方案更能够形成一个既有利于生物多样性保护，又有利于城市建设发展、人地协调的景观生态系统。景观生态学中的景观指数是反映区域景观格局变化的一种有效手段。本书拟采用景观多样性指数(H)、优势度(D)、均匀度(E)、景观破碎度(C)、景观分离度(I)5个指数(景观格局指数及其生态学意义见3.2.5)对福贡城区进行城市景观空间格局的分析。并运用景观指数软件fragstate3.3计算出以上五个景观指数，得出两个规划方案的景观空间格局分析结果。

利用GIS技术，对图8-12、图8-13进行地理矫正、数字化，在此基础上，运用景观指数计算并分析规划前后福贡县城的景观格局变化。数据处理软件主要为ERDAS IMAGE8.7、ARC/INFO9.0和ARCVIEW3.3。

(2)规划方案面积对比

表8-4 福贡县城区规划方案对比

景观类型	方案1			方案2		
	面积(hm^2)	比例(%)	斑块数	面积(hm^2)	比例(%)	斑块数
道路及广场	15.28	8.32	3	21.52	9.40	1
河流	40.49	22.04	9	40.84	17.84	10
绿地	36.95	20.12	30	83.81	36.61	37
公共设施用地	21.67	11.80	31	23.89	10.44	34
村镇建设用地	6.02	3.28	6	5.03	2.20	4
对外交通用地	1.85	1.01	3	1.74	0.76	3
工业用地	0.55	0.30	1	0.43	0.19	1
市政公共用地	3.99	2.17	8	4.67	2.04	9
居民用地	45.28	24.65	43	35.68	15.58	36
特殊用地	3.39	1.85	3	3.34	1.46	3
仓储用地	0.72	0.39	1	1.47	0.64	3
农田	7.50	4.08	8	6.52	2.85	8
合计	183.69	100.00	146	228.94	100.00	149

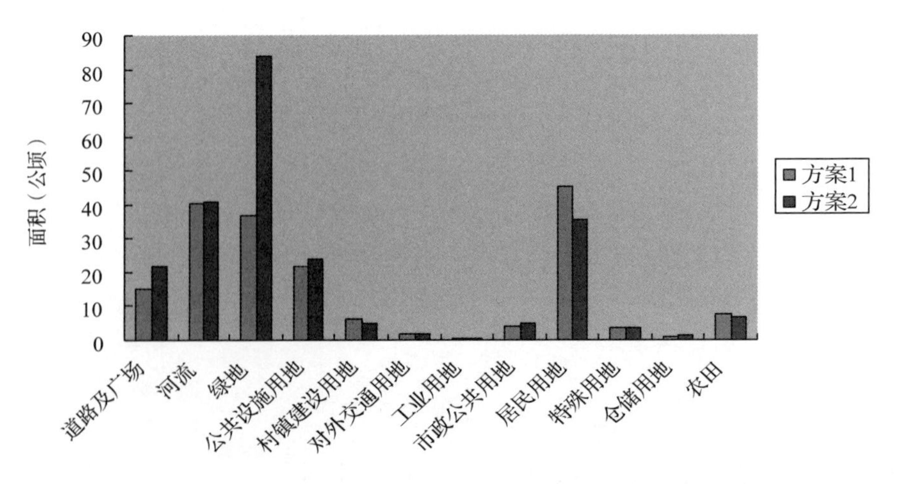

图8-14 方案1与方案2各用地面积变化对比图

从表 8-4 和图 8-14 中可以看出，方案 2 与方案 1 相比，福贡县城区的整体面积发生了变化，由 183. 69hm^{2}增加到了 228. 94hm^2，增幅 24. 96%。在用地类型层面上，绿地的变化最大，由 36. 95hm^{2}增加到了 83. 81hm^2。其次为居住用地，由 45. 28hm^{2}减少到 35. 68hm^2。道路广场用地增加也比较明显，由 15. 28 公顷增加到了 21. 52hm^2。

(3)景观格局分析

①斑块层面

表 8-5 福贡县城区规划方案破碎度和分离度指数对比

景观类型	方案 1		方案 2	
	破碎度指数	分离度指数	破碎度指数	分离度指数
道路及广场	0. 1963	0. 6794	0. 0465	0. 9988
河流	0. 0719	0. 0797	0. 2449	0. 9711
绿地	0. 8549	0. 9564	0. 4415	0. 9686
公共设施用地	1. 4306	0. 9298	1. 4229	0. 9989
村镇建设用地	0. 9967	0. 7408	0. 7944	0. 9998
对外交通用地	1. 6183	0. 3943	1. 7277	1. 0000
工业用地	1. 8205	0. 0001	2. 3288	1. 0000
市政公共用地	2. 0050	0. 8290	1. 9281	0. 9999
居民用地	0. 9496	0. 9654	1. 0091	0. 9979
特殊用地	0. 8838	0. 4048	0. 8978	0. 9999
仓储用地	1. 3916	0. 0001	2. 0456	1. 0000
农田	1. 1495	0. 9926	1. 2262	0. 9998

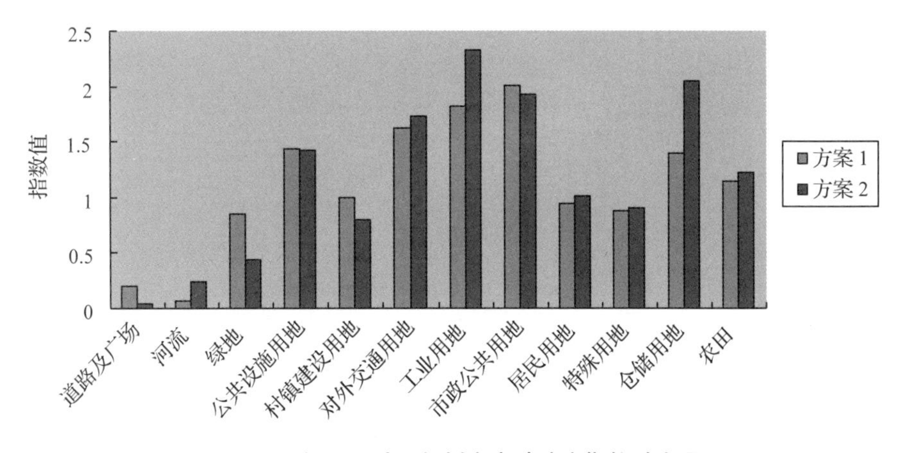

图 8-15 福贡县城区规划方案破碎度指数对比图

从表 8-5 和图 8-15 中可以看出，方案 2 与方案 1 相比，破碎度变化较大有绿地、村镇建设用地、工业用地和仓储用地。其中，仓储用地变化最大，由 1. 3916 增加到了 2. 0456；绿地由 0. 8549 降低到了 0. 4415；村镇建设用地由 0. 9967 降低到了 0. 7944；工业用地由 1. 8205 增加到了 2. 3288。

从表 8-5 和图 8-16 中可以看出，方案 2 与方案 1 相比，分离度都有所提升，这是由于

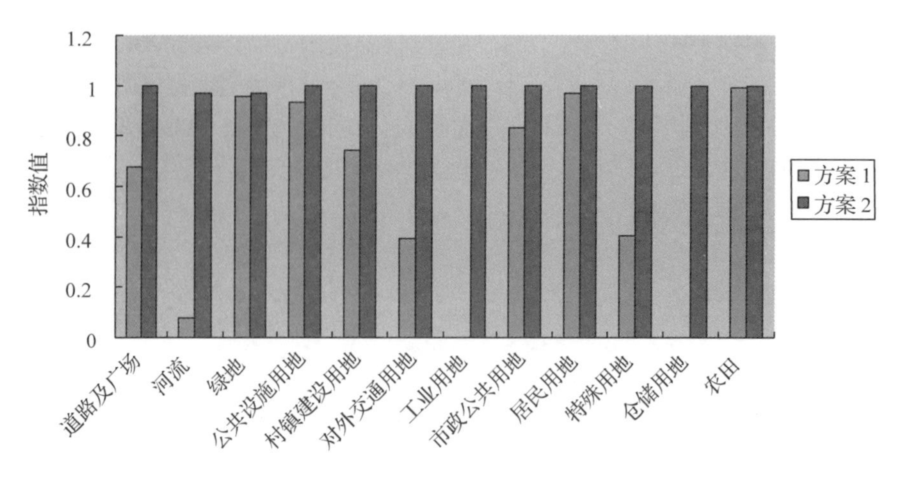

图 8-16 福贡县城区规划方案分离度指数对比图

调整方案采用的是组团式布局方式，各用地之间的距离较远。其中变化较大的有工业用地、仓储用地和河流，仓储用地和工业用地几乎由最小值变成了最大值。

②景观层面

表 8-6 福贡县城区规划方案景观多样性指数、优势度和均匀度分析

项目	方案 1	方案 2
景观多样性	0. 8832	1. 8291
景观优势度	0. 2198	0. 7361
景观均匀度	0. 9357	0. 2841

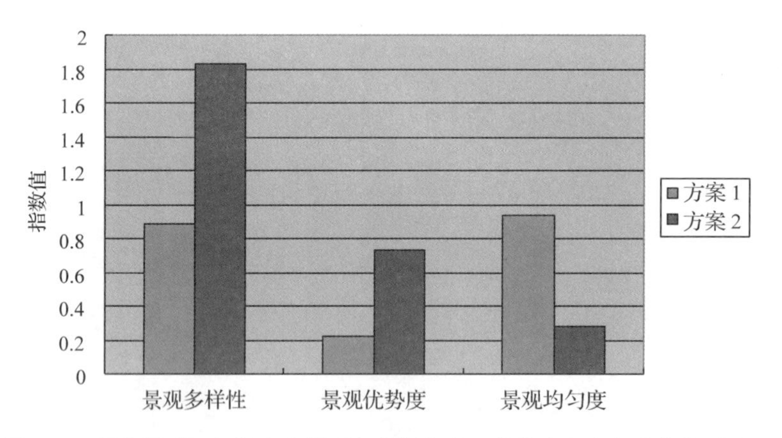

图 8-17 福贡县城区规划方案景观多样性指数、优势度和均匀度指数对比图

从表 8-6 和图 8-17 中可以看出，方案 1 的景观多样性不高，优势度较低，而均匀度较高。方案 2 增加了福贡县城区的多样性，优势度较高，主要是由于绿地的面积较大，占整个城区的 36. 61%，而均匀度有所下降。

总的来说，方案 2 与方案 1 相比，景观优势度较高，绿地面积增加了很多，这对保护城区的生态环境起到了很好的作用，这是最明显的优点。但各用地类型的分离度也较高，说明各类用地之间的距离相比较方案一要远一些，这无疑也增加了城区居民的生活成本。

从生态保护的角度来看，基于景观安全格局分析的方案二是景观生态规划中优先原则的体现，是在区域安全格局分析的基础上，按照生态规律，首先明确区域生态系统中需要重点保护和涵养的区域、关键性物种分布区域及其在斑块间扩散的绿色廊道，以及为增加景观的多样性需要保存的区域。经过景观格局的分析，可为最佳方案的确定提供更为科学可靠的依据。

8.5 小结

①在区域生态功能区划的基础上，针对区域特点，选择地形地貌、地质灾害等5个因子作为城市空间扩展的生态约束条件，以此判别城市空间扩展的潜在景观生态安全格局，将城市扩展用地分成4个安全等级区，其中优先发展区4.65km^2，占郊区总用地的2.13%；适合发展区7.88km^2，占郊区总用地的3.6%；限制发展区36km^2，占郊区总用地的16.47%；严禁发展区168.49km^2，占郊区总用地的77.08%，所占面积最大。未来城市空间发展将优先选择在优先发展区。

②通过对主要致灾因素的分析，采用生态减灾的方法来协同人类系统与生物系统间的生物控制共生与自我调节能力，从而保持人类生存环境的稳定性。通过恢复和维持城市原有山水形态和格局；保护城市背山大面积山体生态绿化；泥石流高危险区的景观要素置换；泥石流景观生态廊道的建设；建立以乡土植被为基础的生境系统；构建有别于车行交通的绿色步行系统网络；构建完善的城市开放空间系统等七大战略布局的调整，达到改善现有城区景观格局的目的，从而提高城市防灾、抗灾的能力，最终达到安全城市的目标。

③依据景观安全战略布局及空间分析，按照城镇空间分布的形态将城区规划为连续带状式和带状组团式两种方案，并采用景观指数分析两个方案的景观格局优劣，从而分析判断出哪一个方案既有利于生物多样性保护又有利于城市建设发展，进而创建人地协调的景观生态系统，以得到最佳规划方案。

④一个城市、地区甚至国家的可持续发展，首先应当解决的是增强城市抵御灾害的能力。从景观生态学的角度来讲，灾害本质上也是一种景观过程，它与景观的空间格局有密切的关联，即人们通过充分认识自然作用并参与其中，经过景观空间格局的调整可以达到对自然产生良性影响的作用。因此，灾害的防治也是一个区域性和长期性的景观战略问题，需要有战略性的景观格局来控制，从而建设生态安全、可持续发展的高山峡谷型城镇。将基于格局优化的规划方法与基于干扰分析的规划方法相结合，从不同的角度和出发点对区域进行分析，从而得到更为科学、客观的结论，将为该区域的合理规划提供方向和指导，为规划的优化提供相关依据。

Chapter Nine 结论和讨论

本研究针对高山峡谷区域特殊的气候、地貌和地质结构和植被状况以及生态系统的脆弱性、不可再生性和生态承载力低、敏感性高等特征，以景观生态学原理和城乡规划原理为指导，以城乡区域生态系统的社会、经济和生态效益整体优化为目标，将景观生态格局分析和空间模型方法与3S技术相结合；以怒江流域中段的典型地段(福贡县)为实例，从区域和城(镇)区两个尺度等级开展高山峡谷区城乡景观生态规划模式的研究，针对研究中的相关问题展开了讨论，并得到以下结论：

9.1 结论

9.1.1 城乡一体化等级系统的建立

本次城乡景观生态规划的研究是以高山峡谷地区为背景，区域的特征决定了城(镇)区的生态规划与平原、丘陵地区的规划模式有所不同，不能仅仅局限于城(镇)区的范围，而应当从区域的角度加以调控。城镇是区域的一部分，高山峡谷区城镇的不当建设极易导致区域环境的负效果，引发自然灾害，反过来也将导致城镇的衰退；而高山峡谷区域的脆弱生态系统则在一定程度上控制和制约了城镇的发展。

针对高山峡谷区的特点，本研究应用等级原理和城乡规划原理建立了区域(县域)——城(镇)区两个层次和尺度的等级系统。如此构建的等级系统具有垂直和水平两种结构，整个研究区域与生态城镇建设区之间是垂直结构关系，整个区域本身又是由若干处于下一层次上的单元构成的，而这些单元的相互作用是产生区域层次上各种行为的机制所在；而生态城镇建设区与生态旅游开发区等其他区域之间是水平结构关系，其行为受到上一层次的制约。

区域在城乡生态系统中主要用以协调城市与自然的相互关系，维持和推动整个城乡生态系统的稳定和平衡，为城(镇)区提供了生态调控和支持的系统；而城(镇)区在城乡生态系统中的生存与发展取决于其生命保障系统的活力，包括区域生态基础设施(光、热、水、气候、土壤、生物)生态服务功能的强弱，以及景观生态的时、空、量、构、序的整合性。区域相对于城(镇)区表现出整体特征，而城(镇)区也是由生态系统组成的空间镶嵌体，同样具有等级特征，相对于整个区域则表现为从属性或受制约性。

9.1.2 区域景观生态类型的划分

在内外营力共同作用下形成的深壑峡谷地貌景观是高山峡谷区最主要地貌景观之一，坡度及坡向是最为重要景观要素之一。而土地利用与土地覆盖作为一种人类的社会经济活动，具体表现在土地利用变化的时空特征、动力机制和环境效应3个方面，可通过综合植被类型、土地利用类型和地形特征，构成景观中相对同质的景观要素单元。因此，将土地利用类型作为景观类型的组成部分，并细分其中的森林植被类型。

针对研究区的具体情况，将本研究区域的景观类型共划分为13类，包括：灌草丛、农地、水域、滩涂、城镇、季风常绿阔叶林、半湿润常绿阔叶林、中山湿性常绿阔叶林、针阔混交林、温凉性针叶林、寒温性针叶林、竹林、暖温性针叶林。

9.1.3 区域现状景观格局总体特征

研究区现状景观格局是以林地为主，占绝对优势，是景观的基质，它控制着整个研究区物质与能量的传输和流动，怒江及其支流成为景观“廊道”，而灌木林、荒草地和耕地等景观类型镶嵌于其中分布。用地类型的内在联系较为紧密，斑块之间的连通性较好。

9.1.4 区域景观的异质性及其动态变化

通过对研究区多期遥感数据及景观指数的动态比较分析，结果表明：

①近 20 多年来，研究区内城镇、村庄的斑块数量、面积与优势度总体呈上升趋势，水域和滩涂在区域景观中的地位始终十分有限，而林地植被的面积和优势度中并没有得以提高。人为干扰主要集中在河道两侧并沿河道沟谷逐渐延伸，研究区整体格局呈现出人为干扰控制逐渐加强的态势。

②研究区整体表现出高度复杂的环境异质性和一定程度人为干扰共同作用下的异质性高山峡谷流域景观，且人为活动是该区域景观类型发生变化的主要驱动因子。其动态的变化趋势表明，景观整体的斑块形状指数在 3 个时期内均表现为持续下降，斑块的形状趋于简单。整个研究区景观类型的斑块破碎化持续增加，连通性整体下降，景观优势度降低，景观趋于均匀化。大多数林地斑块被分割，导致斑块数量增加；落叶阔叶林则更为敏感地响应干扰的强度与延伸，表现为大数量小规模分散的分布格局。整体反映了人类活动的结果使研究区高山峡谷流域景观不断破碎化。

9.1.5 基于元胞自动机模型的景观格局动态模拟

景观生态规划制定的关键在于对景观格局变化的分析及未来动态发展的预测，针对高山峡谷区的景观特征，可充分利用多时相遥感数据、地理背景数据，采用灰色分析和元胞自动机模型相结合的方法对景观格局的变化进行动态模拟，为规划设计方案提供了科学决策的依据。

(1) 基于元胞自动机模型的景观格局动态模拟的可行性

论文通过基于灰色局势决策的元胞自动机模型模拟了景观格局的动态变化，并预测了未来发展的情景。研究表明 1994 年的景观现状图经过 20 轮模拟计算，其各类型景观的面积及景观指数与 2004 年景观现状基本相符，说明采用元胞自动机模拟景观格局的动态变化是适宜的。

(2) 邻域元胞转换规则的确定

构建元胞自动机模型的核心是邻域元胞转换规则的确定。本书用灰色局势决策方法确定邻域转换规则。在该方法中邻域转换规则既可随时间变化又可随生境地理空间位置不同而变化，表征了复杂系统“确定性中的内在随机性”，比较能适应景观的复杂变化。

(3) 景观格局动态模拟结果

本书预测了 3 种状况下研究区未来发展的情景。现行模式假设研究区景观情景按照近十年的现状模式不作任何改变继续演变，经过 20 轮循环，也即 2014 年的预测情景，可以看出景观破碎化程度进一步增加，景观多样性降低。这说明按照原有模式演变下去，则毁林开荒和陡坡种植状况未得到改善，将继续对生态环境造成破坏进而造成生态环境继续恶化。

聚集效应为主的演变假设研究区景观演变情景以聚集效应为主，即减少现有模式中人类活动的影响，增加生态系统自然演变的机会，较小的斑块演替为周围较大的斑块。到 2014 年的预测情景可以看出景观的破碎化程度较上一模式低，景观趋于多样化和均匀化。

说明聚集模式虽然减少了人类活动的干扰，但植物的自然演替需要相当漫长的过程，生态环境的恢复十分缓慢。

生态保护状态下的演变则假设人们在保护的状态下生态环境的演变，2014 年预测情景可以看出景观的破碎化程度降低而聚集度增加，景观的结合度较好，而景观多样性降低。说明加强生态保护以后，林地的优势景观类型得到加强，而各个类型斑块连接度加强，破碎程度减弱，生态环境朝恢复方向发展。从各种情形下的模拟结果可以看出，模拟未来发展的几种情景不但模拟了微观景观单元的自组织机制，而且在一定程度上反映了宏观的社会经济因素影响，因而更具有针对性、典型性及准确性。结果表明基于灰色局势决策的元胞自动机用于景观格局动态变化的预测是可行的，通过对景观生态格局变化的分析及未来动态发展的预测，可以建立区域景观利用优化结构和空间格局，有助于景观生态规划的制定。

针对高山峡谷区景观生态系统“复杂性”的特点，本书采用了灰色局势确定邻域转换规则，确定影响元胞转换规则的三因素主要有元胞邻域的聚集程度，土地适宜程度和人类活动影响程度，根据景观这一类复杂系统的动态变化特征其权重随地理空间位置和时间而变化，同时用 Monte Carlo 法考虑了模拟时转换的随机性，构建了元胞自动机用于模拟和分析景观格局动态变化的新方法。在信息不完全的情况下，提高了元胞自动机景观格局动态模型的可靠性和可行性，是一种能在景观水平上产生复杂的景观结构和行为的离散型动态模型。通过计算显示模拟未来发展的情景，不但模拟了微观的景观单元的自组织机制，而且在一定程度上反映了宏观的社会经济因素影响，因而更具有针对性、典型性及准确性。

9.1.6 生态重要性评价

针对高山峡谷区域特点，重点开展对土壤侵蚀敏感性和生境敏感性的研究，主要选择降雨量因子、土壤质地因子、地形因子、土地覆盖因子和生物因子，并在上述分析基础上，从分区保护与开发的重要性和顺序程度，运用逻辑规则建立重要性分析准则，再以此为基础进行判别分析，通过地理信息系统技术的应用，得出最终的生态重要性评价结果，是适宜性评价方法的综合运用。

(1) 生态重要性与土壤侵蚀敏感性和生境敏感性相互关联

生境最敏感的区域往往也是生态最重要的区域，因此本区生态重要区域及重要程度应该与生境敏感性相一致，是生物多样性最为丰富的区域，而土壤侵蚀敏感性主要与降雨量、土壤质地、坡度等密切相关，土壤侵蚀高度敏感的区域也往往是生态重要性较高的区域。根据高山峡谷区的特征应该将土壤侵蚀敏感性和生境敏感性结合起来加以分析，既要考虑到土壤侵蚀敏感性又要考虑到生境敏感性，评价结果并不完全等同于单纯的土壤侵蚀敏感性或生境敏感性评价结果，反映了综合评价之后的结果。

(2) 研究区是土壤侵蚀高敏感的地区

本区地势陡峭，坡度大，极易造成水土流失，同时，降水多且集中，成为地面侵蚀的直接动力，又是滑坡与泥石流强烈活动的前提，落后的耕作方式目前仍然较普遍，致使部分地区山地失去蓄水保土能力，加速了对土壤的侵蚀。土壤侵蚀力敏感性极高。

(3) 研究区是生境敏感性高的地区

本区在狭小的地域空间内，容纳了寒、温、暖热性植物群落，成为地域性植被类型组合最为丰富的地区，植被类型多样，其植物带谱成为我国从南到北的缩影，物种繁多且具珍稀种、孑遗种和特有种的特点，是难得的物种基因库，属于生境敏感性高的地区。

生态重要性标志着某一区域(或区段)对维持地区生态安全的重要程度。针对高山峡谷区的特点，生态重要性是在土壤侵蚀敏感性和生境敏感性评价的基础上综合评价得到的。土壤侵蚀敏感性的评价主要采用了因素叠置法，而生态重要性分析评价则借助了逻辑规则组合法的思想，运用逻辑规则建立生态重要性分析准则，再以此为基础进行判别分析，通过地理信息系统技术的应用，得出最终的重要性评价结果，在方法上有一定的深化和创新，评价结果与现场的实地调查有较好的相符度，证明是可行的。

9.1.7 区域生态功能区划

从高山峡谷系统内各子系统的分异规律可以看出，本区的地貌系统及其结构的差异对本区的气候、土壤、植被、人口分布、经济活动以至于经济发展方向都具有明显的制约作用。实现高山峡谷系统内生态与经济的同步、协调发展，是高山峡谷系统实现结构与功能协调统一的客观要求。

可在生态重要性评价的基础上，通过揭示各生态区域的综合发展潜力，资源利用的优劣势和科学合理的开发利用方向，进行生态功能区划，明确了生态保护和建设的主要方向和途径，制定相应的生态调控对策，以实现区域的生态可持续发展。

(1)生态功能区划实现了不同空间尺度的生态单元调控管理

通过生态重要性评价，分析了研究区范围内存在及潜在的生态环境问题及其驱动力和原因，构建了生物多样性保护区、水源涵养区、土壤功能保持区、生态农业建设区、生态旅游开发区和生态城镇建设区等6个类型、15个生态服务功能区，根据区域中不同土地利用类型的生态功能，将区域分成4种景观单元类型：生产性单元、保护性单元、人工单元、调和性单元，提出了不同空间尺度的生态单元区划及相应管理措施，是区域生态系统模型在实际中的具体应用。

(2)生态功能区划是区域生态系统可持续发展的重要保证

生态功能区划是研究区生态建设的重要依据，为研究区内各生态服务功能区的生态格局与生态保护策略的规划和制定奠定了基础，特别对于生态城镇建设区等人为干扰较大的区域的开发建设有较大的科学指导意义。

9.1.8 研究区典型城镇景观生态安全格局规划

①综合基于格局优化的规划方法和基于干扰分析的规划方法，针对区域特点，选择相关因子作为城市空间扩展的生态约束条件，以此判别城市空间扩展的潜在景观生态安全格局，将城市扩展用地分成四个安全等级区，未来城市发展用地将首选优先发展区。

②通过对区域主要致灾因素的分析，采用生态减灾的方法来协同人类系统与生物系统间的自我调节能力，从而保持人类生存环境的稳定性，通过恢复和维持城市原有山水形态和格局等七大战略布局的调整，达到改善现有城区景观格局的目的，从而提高城市防灾、抗灾的能力，最终达到安全城市的目标。

③依据景观安全战略布局及空间分析，按照城镇空间分布的形态将城区规划为连续带状式和带状组团式两种方案，并采用景观指数分析两个方案的景观格局优劣，从而分析判断出哪一个方案既有利于生物多样性保护又有利于城市建设发展，进而创建人地协调的景观生态系统，以得到最佳规划方案。

④多个规划方案的形成及定性、定量分析，由于高山峡谷景观生态系统的复杂性，加之对保护与开发的力度把握，能够在各级系统阈值范围内，形成各种不同的规划设计方案。而每一种规划设计方案的优劣，除了传统的定性分析之外，可采用景观生态规划中的景观指数进行量化的比较和对比分析，以检验各种规划的合理性。

根据高山峡谷区域廊道易断裂、生态环境对干扰因素的抗逆性、承受能力相对较差，且其生态环境系统的自我恢复机能较差等生态脆弱性特点，可重点选用以下几种景观指数：FI 破碎度指数(Fragmentation Index)；AI 聚集度指数(Aggregation Index)；CI 结合度指数(Patch Connection Index)；LPI 最大斑块指数(Largest Patch Index)；DI 优势度指数(Dominance Index)；SHDI 香农多样性指数(Shannon's Diversity Index)等。

本书以怒江流域中段为实例按以上研究步骤进行，实证表明：所研究的高山峡谷区城乡景观生态规划模式是可行的、有效的。

9.1.9 高山峡谷区景观生态规划模式的构建

(1)集成的景观生态规划方法

景观生态规划有基于适宜性评价、系统分析与模拟及空间格局的优化三大主要方向。针对以上 3 类主要方向的优势与不足，特别是针对高山峡谷区域复杂而多变的高原山地景观生态系统，本研究采用了集成的景观生态规划方法，即综合上述 3 种方法的优点，并以怒江流域中段(福贡县)作为研究实例来进行方法论的验证，在高山峡谷区城乡景观生态规划研究方法上有所突破。

具体步骤为：①采用等级组织系统理论中的景观分层方法，可将研究区域自上而下地分为区域、城镇群和城市(村、镇)等几个子层次，以不同层次对景观有不同水平的描述并解决不同等级的问题，以说明综合的、多层次景观模型的结构及运行机制；②采用适宜性评价的景观生态规划方法中的景观生态信息收集方法并辅以区域社会经济数据采集，并据此进行区域生态重要性分析及评价，最终确定区域可持续发展的适宜目标，制定出区域生态功能区划；③采用景观格局优化方法，将景观在区域中的生态作用与景观的空间配置相结合，以集中与分散相结合的原则为基础，同时针对区域特点，做出生态重要性分析与评价，调整现有景观利用的方式和格局，形成区域生态功能区划，并最终形成城镇景观生态安全格局规划。

本研究过程中应用景观生态学基本原理并采用景观生态规划的技术方法，包括空间格局数据处理的数学方法(如斑块、廊道、基质等特征度量描述)、邻域规则模型等模型与模拟；并将它与城乡规划学中的城镇体系规划和城市生态规划的理论、方法结合起来，探索在城乡规划中引入及应用景观生态学一系列系统科学方法，使城乡规划更加科学化，也深化了景观生态学的理论和方法。

(2)高山峡谷区城乡景观生态规划模式[126]

如图9-1所示。

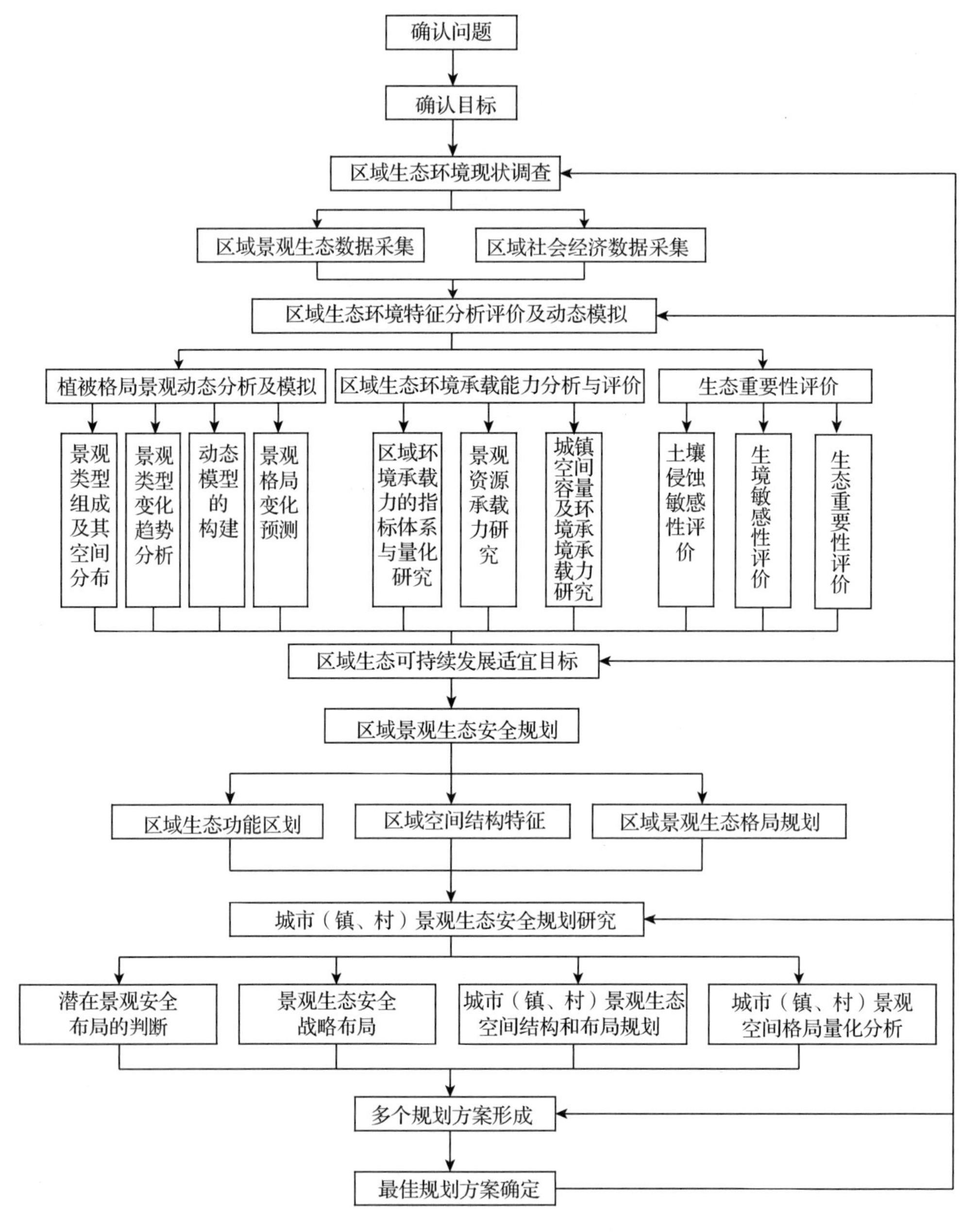

图9-1 高山峡谷区城乡景观生态规划模式图

9.2 讨论

9.2.1 关于高山峡谷区景观格局分析方法

(1)运用 GIS 技术

尤其是 GIS 与遥感技术的结合来研究大区域景观空间结构特征是一种可行的方法与技术，为大尺度跨时空空间数据的收集提供了可能，也是目前一种有效的途径，分析过程中遇到的难点是怒江流域属于典型的高山峡谷地区，获得的卫星影像图容易被高山峡谷本身形成的阴影所干扰，阴影面积较大，影响了对其斑块性质的判断和分析，容易产生错判和误判的情况，从而影响到分析结果的可靠程度。因此，解译的精准度较多地依赖于人工解译和现场的踏勘验证，较浪费人力、物力，今后应进一步提高解译能力。

(2)对各海拔带上的景观格局作进一步分析

高山峡谷区的景观异质性和多样性虽较高，但空间分布极不均匀，景观格局从高海拔带到低海拔带呈现明显的差异，景观的整体格局还远不能反映出具体的各海拔带上的区别与差异，有待于作出进一步的分析和比较。

(3)景观格局驱动力主次因子的判别

处于河谷高海拔地带内的寒温性针叶林，其格局动态几乎不受人为影响或受人为影响很小，景观格局的主驱动因子为自然因子，其斑块动态反映出寒温性针叶林规模不断扩大和斑块逐渐合并为主的生态过程。而处于河谷低海拔地带，人为活动十分强烈，农地面积及其分布变化明显，人为活动是其主要干扰因子。而研究区中林地整体则呈现出处于不断的波动之中。如何宏观的把握自然因子与人为因子在高山峡谷区域中的主导性，充分发挥林地主体的生态效应，将是高山峡谷区城乡景观生态规划中的突出难题。

(4)景观指数的选择

景观指数是量化景观空间特征的主要方法之一，在景观格局分析中被普遍应用。由于自然景观的复杂性以及景观指数本身的缺陷，使景观指数在对空间格局的量化研究以及对其结果的生态解译时遇到重大挑战。

影响景观指数有效性的因素不仅有数据源准确度、尺度效应(空间粒度或幅度变化)、相关性以及生态意义可解释性。最近的研究表明：土地利用分类、植被覆盖度等级分类数也影响景观指数有效性。

本书的景观格局分析研究同样是应用景观指数，已经注意到这个问题，但未深入探讨。在今后的研究中还须特别注意景观指数的选择。

9.2.2 关于高山峡谷区 CA 景观格局动态模拟的方法

①利用灰色分析方法确定转换规则带有一定的人为因素，还须进一步探讨科学方法以减少人为因素影响。应从理论上深入分析、比较各种转换规则的优劣，并更多地应用于各种景观格局动态变化的模拟，进行实证分析、比较，进而发现新的转换规则。

②在模拟计算过程中，个别模拟值如最大斑块指数 LPI 会与实际值有较大差异，需要进一步调整；如何将宏观的社会经济因素的影响很好地体现出来也是需要进一步深入研究的问题。

9.2.3 关于高山峡谷区生态重要性评价

①本次研究主要是对土壤侵蚀敏感性和生境敏感性两个因素的组合及判断，而根据评价的对象和目标的不同，逻辑规则也不相同，需要建立一套复杂而完整的组合因子和判断标准，也是其关键之处和难点所在。当因素在两个以上时，应当借助计算机技术建立逻辑规则。

②应加强对人文因子的分析。本次土壤侵蚀敏感性研究的评价因子的选择只局限于降水量、地形起伏因子、土壤质地、地表覆盖和珍稀动植物的分布区域等自然因子，从宏观上看，目前本区土壤侵蚀的分布主要是受自然因子的控制，特别是与地表覆盖状况和土壤质地密切相关。而地表覆盖可以通过人为干扰发生改变，与人为活动，如壁耕坡种、城镇建设和交通设施建设、电站建设等活动密切相关，造成局部地区植被破坏，最终导致土壤侵蚀，继而影响土壤侵蚀敏感区域的分布。在今后的研究中应该加强对人文因子的分析，更准确地反映生态重要性。

③土壤侵蚀敏感性评价与研究区现状的关系。土壤侵蚀的敏感性表示自然环境条件组合对土壤侵蚀发生的敏感程度，并不完全等同于现行的土壤侵蚀状况，但根据现场调查，敏感性分布格局和土壤侵蚀现状总体上是基本一致的。

④生态重要性评价还可以通过对各类生态系统维持土壤营养物质的能力和表土层重要营养物质贮存总量进行量化分析，进一步明确研究区的各类生态系统保持土壤的作用，更进一步地明确各空间单元的生态保护意义，从而得到生态重要性的空间特征。

9.2.4 关于高山峡谷区生态功能区划

在进行生态功能区划时，基于资源、生态环境特征的空间分异规律及区位优势，寻求资源现状与经济发展的匹配关系，以及与自然和谐，与资源潜力相适应的资源开发方式与社会经济发展途径，才能实现合理的空间布局和生态分区。本次生态功能区划基于区域的空间分异特征和生态重要性评价，今后应该更加强对区域生态系统服务功能价值的评估，使生态功能区划更为科学、准确。

9.3 后续研究的设想

9.3.1 城镇景观格局的动态效应研究

对大区域景观格局及动态的研究，阐明了大时空尺度范围内，包括人类活动影响在内的各种机制与过程，为充分认识和理解区域的景观格局及其生态学过程以及区域土地利用和资源管理的决策提供了科学依据。同时，结构决定功能，区域景观格局的动态变化必然会引起区域内城镇及其他生态效应的变化，而城镇景观格局的变化，包括残存的自然生态系统斑块也将对维护区域生态系统条件，保存物种及生物多样性具有重要的价值。因此，城镇景观格局的动态效应将是下一步的研究重点与目标。

9.3.2 高山峡谷区城市生态安全标准的研究

由于高山峡谷区景观生态系统的“复杂性”和“脆弱性”等特点，该类型区域城市生态系统也具有如上特征。基于城市规划与设计中的生态安全问题，需要提出描述或评价生态城市特征的指标体系，包括结构、功能、协调度等基本方面的评价体系；但要构建完善的指标体系和生态综合指数的计算模型是十分困难的，目前尚无国家标准和规范性文本，相关研究也较少。而本次研究主要从生态系统的保护和增加景观的多样性的角度出发，多选择自然因子作为分析的主要要素，然而城市规划方案的选择与优化还与当地的经济状况和人口分布及居住模式等人文因素密切相关，今后的相关研究还应该全面考虑自然因子和人文因子的相互影响，以得到更为科学合理的规划方案。

衡量城市生态是否安全的标准还可以借助于生态承载力理论的一些重要方法和工具，由于资料收集等条件的限制，本书未对此做进一步的分析研究，在以后的相关研究中应该更进一步地探讨基于区域环境承载力的城市生态安全标准，为城市生态安全的可持续发展提供重要的方法论基础。因此，高山峡谷区城市生态安全标准的构建是今后研究的重点和目标。

9.3.3 定性与定量相结合

定性分析向定量模拟发展、定性与定量相结合是规划方法的发展趋势。本书作了景观指数计算、景观格局分析、景观格局趋势分析等定量分析，并初步运用动态预测指导规划编制。今后科研还要继续重视这个方向，加强对规划的动态模拟，通过科学决策得到最佳规划方案。

参考文献

[1]肖笃宁，李秀珍，高峻．景观生态学[M]．北京：科学出版社，2003.
[2]欧阳志云，王如松．区域生态规划理论与方法[M]．北京：化学工业出版社，2005. 3.
[3]邬建国．景观生态学——格局、过程、尺度与等级[M]．北京：高等教育出版社，2000.
[4]傅伯杰，陈利顶，马克明，等．景观生态学原理及应用[M]．北京：科学出版社，2001.
[5]McHarg I. Design With Nature(1992 edition)[M]. New York：John Wiley & Sons Inc，1969.
[6]贾宝全，杨洁泉．景观生态规划：概念、内容、原则与模型[J]．干旱区研究，2000，17(2)：70 -77.
[7]E P. 奥德姆．生态学基础[M]．陆健健，王伟，王天慧，等译．北京：高等教育出版社，2009.
[8]岸根卓郎(日)．迈向二十一世纪的国土规划——城乡融合系统设计[M]．高文琛译．北京：科学出版社，1990.
[9]W. G HENDRIX. An ecological approach to landscape planning using Geographic Information System tecnology [J]. Informatie voor professionals in voedsel en groen. 1988，15211 -225，1 -225.
[10] Forman，R. T. T. Land Mosaics：The Ecology Of Landscape and Regions [M]. Cambridge：Cambridge University Press，1995.
[11] Ruzicka，Milan. ASSUMPTION FOR LANDSCAPE ECOLOGY DEVELOPMENT IN SLOVAKIA [J]. Ekológia. 2004，23：291 -294.
[12] Renáta Rákayová. KRAJINNO-EKOLOGICKÉ LIMITY POL'NOHOSPODÁRSKEHO VYUŽITIA V K. Ú. KRÁL'OVCE-KRNIŠOV A ŽIBRITOV[J]. Geographical Information. 2018，22(2)：247 -257.
[13]Berlyen D F. Complexity and incongruity variables as determinants of exploratory choice evaluating rating[J]. Canadian journal of Psychology，1963，(3)：274 -289.
[14]JENERETTE G D. Analysis and simulation of land-use change in the central Arizona-Phoenix region，USA [J]. Landscape ecology，2001，16(7)：611 -626.
[15]王菲，柴旭荣．CA-Markov 模型在土地利用模拟研究中的应用[J]．现代农业科技．2013，(2)：227，235.
[16]Verburg PH，Veldkamp A，de Koning GHJ，Kok K，Bouma J. A spatial explicit allocation procedure for modelling the pattern of land use change based upon actual land use[J]. Ecological Modelling. 1999，116：45 -61.
[17]Huiran Han，Chengfeng Yang and Jinping Song. Scenario Simulation and the Prediction of Land Use and Land Cover Change in Beijing，China[J]. Sustainability，2015，7：4260 -4279.
[18]Youjia Liang1，Lijun Liu2，Jiejun Huang. Integrating the SD-CLUE-S and InVEST models into assessment of oasis carbon storage in northwestern China[J]. PLOS ONE，2017，(2)：1 -15.
[19]高志强，易维．基于 CLUE-S 和 DinamicaEGO 模型的土地利用变化及驱动力分析[J]．农业工程学报，2012，28(16)：208 -216.
[20]覃盟琳，吴承照，周振宇．基于 CPSR 规划模型的风景区环境生态规划研究——以云南乃古石林景区详细规划为例[J]．中国园林，2008，(2)：65 -70.

[21]毛志宏，朱教君．干扰对植物群落物种组成及多样性的影响[J]．生态学报，2006，26(8)：2695－2701.
[22]Lawrence A. Baschak，Robert D. Brown. An ecological framework for the planning，design and management of urban river greenways[J]. Landscape and Urban Planning，1995，(33)：211－225.
[23]Shron K. Collinge. Ecological consequences of habitat fragmentation：implications for landscape architecture and planning[J]. Landscape and Urban Planning，1996，(36)：59－77.
[24]Davorin Gazvoda. Characteristics of modern landscape architecture and its education[J]. Landscape and Urban Planning，2002，(60)：117－133.
[25]Matthias Bürgi，Anna M. Hersperger and Nina Schneeberger. Driving forces of landscape change － current and new directions[J]. Landscape Ecology，2004，(19)：857－868.
[26]马世骏，王如松．社会—经济—自然复合生态系统[J]．生态学报，1984，4(1)：1－9.
[27]俞孔坚，李迪华．城乡与区域的景观生态模式[J]．国外城市规划．1997，(3)：27－31.
[28]王军，傅伯杰，陈利顶．景观生态规划的原理和方法[J]．资源科学，1999，21(2)：71－76.
[29]欧阳志云，王如松，符贵南．生态位适宜度模型及其在桃江土地利用生态规划中的应用[J]．生态学报，1996，16(2)：113－120.
[30]贾宝全，兹龙骏，杨晓晖等．人工绿洲潜在景观格局及其与现实格局的比较分析[J]．应用生态学报，2000，11(6)：912－916.
[31]贾宝全，兹龙骏，杨晓晖等．石河子莫索湾垦区绿洲景观格局变化分析[J]．生态学报，2001，21(1)：34－40.
[32]徐天蜀，彭世揆，岳彩荣．山地流域治理的景观生态规划[J]．水土保持通报，2002(2)：52－54.
[33]杨树华，闫海忠．滇池流域面山的景观格局及其空间结构研究[J]．云南大学学报：自然科学版，1999，21(2)：120－123.
[34]甘淑，何大明，党承林．澜沧江流域云南段景观格局分析[J]．云南地理环境研究，2003，15(3)：33－39.
[35]叶其炎，夏幽泉，杨树华．云南高原山区农业景观空间格局分析[J]．水土保持研究，2006，13(2)：27－31.
[36]沈清基．全球生态环境问题及其城市规划的应对[J]．城市规划汇刊，2001，(5)：19－24.
[37]沈清基，傅博．生态思维与城市生态规划[J]．规划师．2002，18 (11)：73－76.
[38]王如松，吴琼，包陆森．北京景观生态建设的问题与模式[J]．城市规划汇刊，2004，(5)：37－43.
[39]黄光宇，陈勇．生态城市概念及其规划设计方法研究[J]．城市规划，1997(6)：17－20.
[40]黄光宇，陈勇．生态规划方法在城市规划中的应用[J]．城市规划，1999(6)：48－51.
[41]汪永华，李若英．海南岛东南海岸带景观生态规划[J]．地域研究与开发，2006，25(5)：103－107.
[42]吴丰林，周德民，胡金明．基于景观格局演变的城市湿地景观生态规划途径[J]．长江流域资源与环境，2007，16(3)：368－372.
[43]王青，李阳兵，姜丽等．区域石漠化土地可持续利用景观生态规划方法与应用——以桂花河流域为例[J]．山地学报，2006(2)：249－254.
[44]苏伟，陈云浩．生态安全条件下的土地利用格局优化模拟研究——以中国北方农牧交错带为例[J]．自然科学进展，2006(2)：207－214.
[45]黄磊昌，陈鹰，顾逊，等．经济转型期现代工厂的景观生态规划——以内蒙古科尔沁牛业屠宰厂为例[J]．城市规划，2007，31(7)：93－96
[46]Davide Geneletti. A GIS-based decision support system to identify nature conservation priorities in an alpine valley [J]. Land Use Policy，2004，21：149－160.
[47]Caneparo Luca. Generative platform for urban and regional design [J]. Automation in Construction，2007，

16：70 – 77.
[48] Ulrike Tappeiner，Erich Tasser，Gottfried Tappeiner. Modelling vegetation patterns using natural and anthropogenic influence factors：preliminary experience with a GIS based model applied to an Alpine area [J]. Ecological Modelling，1998，113：225 – 237.
[49] Adrienne Gret-Regamey，Peter Bebi，Ian D. Bishop et al. Linking GIS-based models to value ecosystem services in an Alpine region [J]. Journal of Environmental Management，2008，89：197 – 208.
[50] 张惠远，王仰麟．山地景观生态规划——以西南喀斯特地区为例[J]．山地学报，2000，18(5)：445 – 452.
[51] 曾媛，孙畅．以景观综合评价为前提的景观生态保护规划[J]．规划师，2003，19(5)：34 – 39.
[52] 昆明大学旅游研究所，云南省林业调查规划院，云南省社会发展促进会．保山高黎贡山生态旅游区总体规划[Z]．昆明：2002.
[53] 崔鹏，柳索清，唐邦兴．风景名胜区泥石流治理模式：以世界自然遗产九寨沟为例[J]，中国科学：E辑，2003，33(增刊)：1 – 9.
[54] 曾和平，赵敏慧，王宝荣．哈巴河流域高山峡谷景观的生态规划与设计[J]．云南林业科技，2003，(2)：31 – 34.
[55] 郭建强．四川大九寨国际旅游区生态功能保护研究[J]．四川地质学报，2004，24(4)：233 – 236.
[56] 杨子生．怒江峡谷农区景观格局动态变化与优化设计研究[M]．昆明：云南大学出版社，1996.
[57] 李晖等．三江并流风景名胜区总体规划说明书[Z]．昆明：2001.
[58] 李晖等．三江并流国家级风景名胜区月亮山景区总体规划[Z]．昆明：2004.
[59] 西南林学院，云南省林业调查规划设计院，云南省林业厅．高黎贡山国家自然保护区[M]．北京：中国林业出版社，1995.
[60] 昆明大学旅游研究所等．怒江州旅游发展总体规划说明书[Z]．昆明：2002.
[61] 云南省林业厅，云南省林业调查规划设计院，怒江傈僳族自治州人民政府等．怒江自然保护区[M]．昆明：1997.
[62] 福贡县地方志编纂委员会．福贡县志[M]．昆明：云南民族出版社，1999.
[63] 薛纪如，姜汉侨．云南森林[M]．昆明：云南科技出版社，1986.
[64] 云南省城乡规划设计研究院．福贡县总体规划(修编)说明书[Z]．昆明：2005.
[65] 傅伯杰．黄土区农业景观空间格局分析[J]．生态学报，1995，15(2)：113 – 120.
[66] 白杨．怒江流域中段典型地区(福贡县)植被景观格局动态研究[D]．昆明：云南大学，2007.
[67] 王宝荣，杨树华．遥感判读植被类型[J]．生态学杂志，2001，20 (增刊)：18 – 20.
[68] 王宝荣，朱翔，杨树华．云南丽江玉龙雪山遥感植被制图[J]．生态学杂志，2001，(增刊)：39 – 41.
[69] 肖笃宁主编．景观生态学理论、方法及应用[M]．北京：中国林业出版社，1991.
[70] 刘先根，徐化成，郑宝章，等．河北省山海关林场景观格局与动态的研究[M]．北京：中国林业出版社，1994.
[71] 郭晋平，阳含熙，张云香．关帝山林区景观要素空间分布及其动态研究[J]．生态学报，1999，19(4)：468 – 473.
[72] 郭晋平，薛俊杰，李志强，等．森林景观恢复过程中景观要素空间分成斑块规模的动态分析[J]．生态学报，2000，20(2)：218 – 223.
[73] 肖寒，欧阳志云，赵景柱，等．海南岛景观空间结构分析[J]．生态学报，2001，21(1)：20 – 27.
[74] 肖笃宁，李秀珍．当代景观生态学进展和展望[J]．地理科学，1997，17(4)：356 – 364.
[75] 王根绪，钱鞠，程国栋．生态水文科学研究的现状与展望[J]．地球科学进展，2001，16(3)：314 – 323.

[76]张秋玲，马金辉，赵传燕．兴隆山地区景观格局变化及驱动因子[J]．生态学报，2007，27(8)：3206－3214.

[77]肖荣波，欧阳志云，蔡云楠，等．基于亚像元估测的城市硬化地表景观格局分析[J]．生态学报，2007，27(8)：3289－3297.

[78]邱彭华，徐颂军，谢跟踪，等．基于景观格局和生态敏感性的海南西部地区生态脆弱性分析[J]．生态学报，2007，27(4)：1257－1264.

[79]Batty M，Bin Jiang. Multi-agent simulation：computational dynamics within GIS[J]. In：Atkinson P，D Martin eds. GIS and Geo-computation. London：Taylor&Francis，2000：55－71.

[80]Clarke K C，Hoppen S，Gaydos L. A self-modifying cellular automaton of historical urbanization in the San Francisco Bay area[J]. Environment and Planning B，1997，24：247－261.

[81]黎夏，叶嘉安．约束性单元自动演化CA模型及可持续城市发展形态的模拟[J]．地理学报，1999，54(4)：289－298.

[82]Ward D P，Murray A T，Phinn S R. A Stochastically Constrained Cellular Model of Urban Growth. Computers[J]. Environment and Urban Systems，2000，24：539－558.

[83]Wu F. Calibration of stochastic cellular automata：the application to rural urban land conversions[J]. Int. J. Geographical Information Science，2002，1 6(8)：795－818.

[84]van Dorp，D.，Schippers，P. van Groenendael，J. M. Modelling bird distributions-a combined GIS and Bayesian rule-based approach[J]. Landscape Ecology，1997，12 (2)：77－93.

[85]Wu J. and David，J. L. A spatially explicit hierarchical approach to modeling complex ecological systems：theory and applications[J]. Ecol. Model.，2002，153：7 － 26.

[86]Wang J.，Kropff M. J.，Lammert B.，Christensen S. and Hansen P. K. Using CA model to obtain insight into mechanism of plant population spread in a controllable system：annual weeds as an example[J]. Ecol. Model.，2003，166 ：277 － 286.

[87]Arii，K. and Parrott，L. Examining the colonization process of exotic species varying in competitive abilities using a cellular automaton model[J]. Ecol. Model.，2006，199：219－228.

[88]Bone，C.，Dragicevic，S. and Roberts，A. . A fuzzy-constrained cellular automata model of forest insect infestations[J]. Ecological Modelling，2006，192：107－125.

[89]Chen Qiuwen and Mynett Arthur E. Modelling algal blooms in the Dutch coastal waters by integrated numerical and fuzzy cellular automata approaches[J]. Ecological Modelling，2006，199：73－81.

[90]Colasanti，R. L.，Hunt，R. and Watrud，L. A simple cellular automaton model for high-level vegetation dynamics[J]. Ecological Modelling，2007，203：363－374.

[91]邓聚龙．灰色系统理论教程[M]．武汉：华中科技大学出版社，1990.

[92]刘耀林，刘艳芳，明冬萍．基于灰色局势决策规则的元胞自动机城市扩展模型[J]．武汉大学学报，信息科学版，2004，29(1)：7－13.

[93]李晖，李志英，李国彦，等．怒江流域中段经济发展预测[J]．经济地理，2006，26(增刊)：45－47.

[94]Wu W Y，Chen S P. A prediction method using the grey model GMC(1，n) combined with the grey relational analysis a case study on Internet access population forecast[J]. Applied Mathe-matics and Computation，2005，(69)：198－217.

[95]Baty M，Xie Y. Possible Urban automata[J]. Environment and Planning B，1997，24：175－192.

[96]Wu F，Webste C J. Simulation of land development through the integration of cellular automata and multicriteria evaluation[J]. Environment and Planning B，1998，5：103－126.

[97]Wu F，SimLand. A prototype to simulate land conversion through the integrated GIS and CA with AHP-de-

rived transition rules[J]. Int. J. Geographical Information Science, 1998, 12(1): 63 -82.

[98]Yan L, Stuart R. Modeling urban development with cellular automata incorporating fuzzyset approaches[J]. Computer, Environment and Urban System, 2003, 27: 637 -658.

[99]黎夏，叶嘉安. 主成分分析与元胞自动机在空间决策与城市模拟中的应用[J]. 中国科学(D辑), 31(8): 683 -690.

[100]Li X, Yeh A G O. Neural-Network-based cellular automata for simulating multiple land use P changes using GIS[J]. Int. J. Geographical Information Science, 2002, 16(4): 323 -343.

[101]黎夏，叶嘉安. 知识发现及地理元胞自动机[J]. 中国科学(D辑), 34(9): 865 -872.

[102]刘小平，黎夏. 从高维特征空间中获取元胞自动机的非线性转换规则[J]. 地理学报, 2006, 61(6): 663 -672.

[103]杨青生，黎夏. 基于粗集的知识发现与地理模拟[J]. 地理学报, 2006, 61(8): 882 -894.

[104]李晖，白杨，李国彦，等. 集成灰色分析和元胞自动机用于景观动态模拟[J]. 生态学报, 2009, 29(11): 6227 -6238.

[105]王如松，林顺坤，欧阳志云. 海南生态省建设的理论与实践[M]. 北京：化学工业出版社, 2004.

[106]孙为静，汪小钦. 基于GIS技术的长汀县森林资源分类经营管理[J]. 福建林业科技, 2007, 34(4): 158 -163.

[107]李晖，杨树华，姚文璟，等. 基于GIS的怒江流域中段生态保护重要性评价[J]. 中国生态农业学报, 2011, 119(4): 947 -953.

[108]M. J柯克比，R. P. C. 摩根等(英). 土壤侵蚀[M]. 王礼先，吴斌译. 北京：水利电力出版社, 1985.

[109]杨广斌，李亦秋，安裕伦. 基于网格数据的贵州土壤侵蚀敏感性评价及其空间分异[J]. 中国岩溶, 2006, 25(1): 73 -78.

[110]水土保持综合治理规划通则(GB/T 15772—1995)[S]. 北京：中国水利出版社, 1995.

[111]中华人民共和国水利部. 土壤侵蚀分类分级标准(1997-02-13)[S]. 北京：中国水利出版社, 1997.

[112]卜兆宏，杨林丈，卜宇行，等. 太湖流域苏皖汇流区土壤可蚀性K值及其应用研究[J]. 土壤学报, 2002, 39(3): 296 -300.

[113]卜兆宏，宇行，陈炳贵等. 用定量遥感方法监测UNDP试区小流域水土流失研究[J]. 水科学进展, 1999, 10(1): 31 -36.

[114]周伏建，黄炎和. 福建省降雨侵蚀力指标R值[J]. 水土保持学报, 1995, 9(1): 14 -18.

[115]闫琳. 澜沧县土壤侵蚀敏感性评价及防治区划研究[D]. 昆明：云南大学, 2007.

[116]云南大学生态学与地植物学研究所. 云南省生态功能区划研究报告[R]. 2004. 8.

[117]傅伯杰. 中国生态区划的目的、任务及特点[J]. 生态学报, 1999, 19(5): 591 -595.

[118]曹伟. 城市生态安全导论[M]. 北京：中国建筑工业出版社, 2004.

[119]肖笃宁，陈文波，郭福良. 论生态安全的基本概念和研究内容[J]. 应用生态学报, 2002, 13(3): 354 -358.

[120]欧阳志云，赵同谦，王效科等. 水生态服务功能分析及其间接价值评价[J]. 生态学报, 2004, 24(10): 2091 -2099.

[121]杨志峰，何孟常. 城市生态可持续发展规划[M]. 北京：科学出版社, 2004. 6.

[122]李晖，唐川. 基于景观生态安全格局的泥石流多发城镇防灾、减灾体系构建——以昆明市东川区为例[J]. 城市发展研究, 2006, 1: 18 -22.

[123]陈本清，徐涵秋. 城市扩展及其驱动力遥感分析—以厦门市为例[J]. 经济地理, 2005, 25(1): 79 -83.

[124]俞孔坚. 生物保护的景观生态安全格局[J]. 生态学报, 1999, 9(1): 8 -15.

[125]李晖，杨毅忠，朱雪，等．高山峡谷区景观生态安全战略布局研究[J]．城市发展研究，2008(03)：180－184.

[126]李晖，李志英，白杨，等．高山峡谷区域景观生态规划模式研究方法[J].2007，城市发展研究，2007(01)：133－137.

[127]Jala M. Makhzoumi. Landscape ecology as a foundation for landscape architecture：application in Malta[J]. Landscape and Urban Planning，2000，(50)：167－177.

[128]Pimentel D，Harvey C，Resosudarmo P，Sinclair K，Kurz D，McNair M，Crist S，Shpritz L，Saffouri R，Blair R. Environmental and economic costs of soil erosion and conservation benefits[J]. Science，1995，267：1117－1120.

[129]He Xb，Jiao JR. The 1998 flood and soil erosion in Yangtze River[J]. Water Policy，1998(1)：653－658.

[130]Pan JJ，Zhang TL，Zhao QG. Dynamics of soil erosion in Xinguo county，China，Determined using remote sensing and GIS[J]. Pedoshere，2005，15(3)：356－362.

[131]Matthew JC，Keith DS，Markus GW. Empirical reformulation of the universal soil loss equation for erosion risk assessment in a tropical watershed[J]. Gederma，2005，124：235－252.

[132]Shi ZH，Cai CF，Ding SW，Wang TW，Chow TL. Soil conservation planning at the small watershed level using RUSLE with GIS：A case study in the Three Gorge Area of China[J]. Catena，2004，55：33－48.

[133]Christopher C，Chandra M. Application of geographic information systems in watershed management planning in St. Lucia[J]. Computers and Electronics in Agriculture. 1998，20：229－250.

[134]Millennium Ecosystem Assessment Board. Ecosystems and Human Well-being[M]. Washing-ton：Island Press，2003.

[135]Bailey R G. Ecosystem Geography[M]. New York：Springer-Verlag，Inc.，1996.

[136]Bailey R G. Ecoregions：The Ecosystem Geography of the Oceans and Continents[M]. New York：Springer-Verlag，Inc.，1998.

[137]Zuo W，Wang Q，Wang W Jet al. Study on regional ecological security assessment index and standard[J]. Geography and Territorial Research，2002，18(1)：67－71.

[138]Fang C L. Study on structure and function control of ecological security system in northwest arid area of China[J]. Journal of Desert Research，2000，20(3)：326－328.

[139]Camacho-De Coca F，Garcia-Haro F J，Gilabert M A & Melia J. Vegetation cover seasonal changes assessment from TM imagery in a semi-arid landscape[J]. International Journal of Remote Sensing，2004，25：3451－3476.

[140]Bamthouse L W. The role of models in ecological risk assessment[J]. Environ Toxic Chem，1992，11：1751－1760.

[141]Forman R T T. Some general principles of landscape and regional ecology[J]. Landscape Ecology，1995，10(3)：133－142.

[142]Olsson G. Distance and Human Interaction：A Review and Bibliography[J]. Regional Science Research Institute，Philadelphia，1995.

[143]Sklar F H and Costanza R. The development of dynamic spatial models for landscape ecology：Areview and prognosis[M]. In：Turner M G and Gardner R H S.（Editors），Quantitative Methods in Landscape Ecology. Springer-erlag，New York，1990.

[144]Johnson W C. Estimating dispersibility of A cer，F raxinus and Tilia in fragmented landscapes from patterns of seedling establishment[J]. Landscape Ecology，1998，1(3)：178－187.

[145]F relich L E，Calcote R R and Davis M B. Patch form ation and maintenancein an old － growth hemlock

hardwood forest[J]. Ecology, 1993, 74(2): 513-527.

[146]Laver C J. and Haines-Young R H. Equilibrium landscapes and their aftermath: Spatial heterogeneity and the role of the new technology[M]. In: Haines-Young, R, Green D R and Cousins S. (Editors), Landscape Ecology and Geographic Information Systems. Taylor & Francis, London, 1993, 57-74.

[147]Knaapen J P, Scheffer M and Harms B. Estimating habitat isolation in landscape planning[J]. Landscape and Urban Plan. 1992, (23): 1-16.

[148]Yu K-J. Ecological security patterns in landscape and GIS application[J]. Geographic Information Sciences. 1995, 1(2): 88-102.

[149]Yu K-J. Security patterns and surface model in landscape planning[J]. Landscape and Urban Plan, 1996, 36(5): 1-17.

[150]HERATH Gamini. Ecotourism development in Australia[J]. Annals of Tourism Research, 1997, 24 (2): 442-445.

[151]KHAN Maryam M. Tourism development and dependency theory: mass tourism vs. Ecotourism[J]. Annals of Tourism Research, 1997, 24(4): 988-991.

[152]Tosun Cevat. Limits to community participation in the tourism development process in developing countries [J]. Tourism Management, 2000, 21(6): 613-633.

[153]张秋菊，傅伯杰，陈利项．关于景观格局演变研究的几个问题[J]．地理科学，2003，23(3)：264-270.

[154]除多，张镱锂，郑度．拉萨地区土地利用变化情景分析[J]．地理研究，2005，24(6)：869-877.

[155]严登华，王浩，何岩，等．中国东北区沼泽湿地景观的动态变化[J]．生态学杂志，2006，(3)：249-254.

[156]王永军，李团胜．基于GIS的榆林地区景观格局动态变化[J]．生态学杂志，2006，(8)：895-899.

[157]韩贵锋，徐建华，袁兴中等．1988—2001年重庆市主城区植被的时空变化[J]．生态学杂志，2007，(9)：1412-1417.

[158]尚宗波，高琼．流域生态学——生态学研究的一个新领域[J]．生态学报，2002，21(3)：468-473.

[159]汪思龙，赵士洞．生态系统途径——生态系统管理的一种新理念[J]．应用生态学报，2004，15(12)：2364-2368.

[160]杨月圆，王金亮，杨丙丰．云南省土地生态敏感性评价[J]．生态学报，2008，28(2008(05))：2253-2260.

[161]李锋，王如松．城市绿色空间生态服务功能研究进展[J]．应用生态学报，2004，15(3)：527-531.

[162]胡续礼，姜小三，潘剑君，等．GIS支持下淮河流域土壤侵蚀的综合评价[J]．土壤，2007，39(3)：404-407.

[163]刘盛和，吴传钧．基于GIS的北京城市土地利用扩展模式[J]．地理学报，2000，55(4)：407-416.

[164]方修琦，章文波．近百年来北京城市空间扩展与城乡过滤带演变[J]．城市规划，2002，26(4)：56-60.

[165]吕一河，傅伯杰，陈利顶．生物多样性保护与可持续利用：从两难到双赢及其现实途径[A]．第五届全国生物多样性保护与可持续发展利用研讨会论文集[C]．北京：气象出版社，2004：55-62.

[166]周干峙．城市及其区域——一个典型的开放的复杂巨系统[J]．交通运输系统工程与信息，2002，2(1)：7-9.

[167]于景元，周晓纪．综合集成方法与总体设计部[J]．复杂系统与复杂性科学创刊号，2004，(1)：20－26.

[168]马忠玉．论我国西部大开发战略中的旅游开发与贫困消除[J]．自然资源学报，2001，16(2)：191－195.

[169]吴兆录．生境格局与土地利用——西双版纳勐养自然保护区景观生态研究[M]．北京：高等教育出版社，2000.

后 记

本书是在我的国家自然科学基金项目《怒江流域中段景观生态规划模式研究》(项目批准号：50468004)及博士论文的基础上修改而成的。感谢博士导师杨树华教授的精心指导，特别是在研究方法、数据采集和全书框架上给予的细心指导，并且为地理信息系统的应用给予了指导和提供方便。在此谨向杨先生表示最诚挚的敬意，杨先生严谨的治学态度和求真务实的工作精神是我终生追求和永远学习的榜样。

感谢与我一起开展国家基金课题研究的李志英教授，作为我所主持的国家自然科学基金项目的主要技术力量，参与了大量科研工作；中科院西双版纳的白杨高级研究员在地理信息系统的应用方面做了大量工作。云南大学资环学院赵筱青教授、曾洪云副教授、夏既胜教授和建筑与规划学院的文正祥教授、杨子江教授，云南财经大学的袁睿佳副教授，云南环境保护局的杨繁松副处长，在基础资料、数据处理、技术方法等方面都给我大量的帮助和支持；云南省城乡规划设计研究院的任洁总工、张柯高级规划师、沈玲屹高级规划师等同志在基础数据方面，特别是福贡城区的基础数据方面提供了大量的资料并参与了科研工作；在野外考察和野外监测过程中，得到了福贡县旅游局和山林局长等行政部门领导、科员和当地民众的鼎力相助；朱雪和赵凯同学在景观生态安全格局方面做了许多工作使得论文比较系统，郭婉琪、盛卫国、华翊伶、张裕、李亚东、邱惠怿、周怡露和黄雪等同学帮助查询了大量基础资料，特在此一并致谢！

感谢写作过程中姜汉桥先生、党承林先生、王宝荣教授、杨大禹教授、张荣贵老师和苏文华老师的悉心指导，为研究的顺利开展提供了宝贵的意见和建议。感谢中国林业出版社的吴卉编辑，是她的耐心和细心使得本书得以出版。

云南大学生命科学学院、建筑与规划学院、研究生部和科研处的老师们，华南农业大学林学与风景园林学院的领导和老师们对我的科研一直给予许多关心和帮助，让我感知谦逊、真挚、海纳百川方为治学之本，借此机会对他们表示诚挚的谢意。

感谢我的父母、家人和朋友，是他们的鼓励和支持使我建立信心鼓起勇气去克服困难、迎接挑战，唯有他们才有今天的我。

最后，谨向所有对我鼓励、支持和帮助的老师、同学、亲人和朋友表示最诚挚的谢意。再一次感谢大家！

“致虚极，守静笃。”学习是永无止境的过程，求知与探索将伴随我一生。